U0071740

有心計不如懂「心忌」

女人職場36忌

Workplace Ethics Advice For Women

廖唯真◎著

原書名：不是教女壞—小資女職場36忌

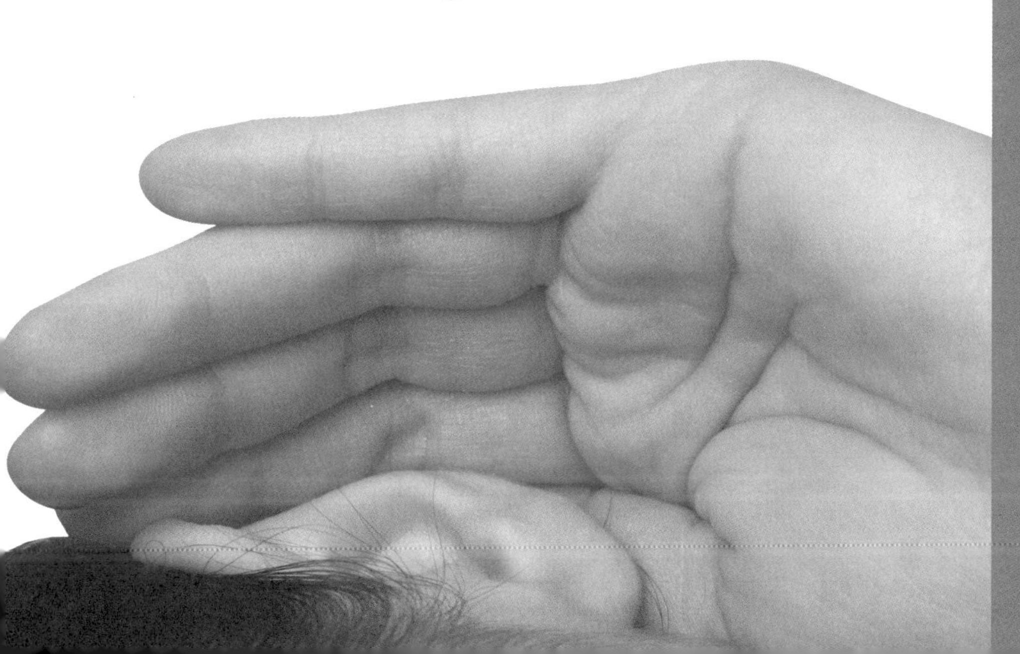

編輯序——女人要走入職場，更要懂職場

成就一番事業，在很多人看來，這是男人的事，與女人沒有多大關係。如果這樣想，我只能說他還停留在「男耕女織」的年代。

放眼現在的職場，女性所扮演的角色越來越重要，她們或以男性的標準來要求自己，或以女性的眼光來欣賞自己，使這個世界變得絢麗多彩。可是在社會上還存在這樣一種現象：學歷越高、越精明能幹的女人，背後站立的往往不是一個優質的男人。這是因為受傳統觀念的影響，許多男人要「賤內」，而不喜歡「女強人」。因此，一些女人深信，職場上的成就不僅會受到社會的排斥，而且也會帶走夫妻間的恩愛。

這樣的想法當然是落伍的，更是可怕的。女人為什麼不能躋身於職場呢？我覺得工作中的女人才是最美的，最優雅的，最自信的，最獨立的，最迷人的。如果一個女人為了愛情、為了家庭、為了孩子，結婚之後就退出職場，一心在家相夫教子，服侍老的小的，慢慢地就會被家庭阻斷了與外界的聯繫，最後被社會所淘汰。在失去工作同時，也失去了自信，一旦變成了黃臉婆，被老公拋棄，就會輸的一無所有。所以說，女人一定要有自己的事業。這裡所說的事業並不是指妳非得要做出驚天動地的事，而是妳應該有一份自己喜歡做的工作，在職場中能佔有一席之地。說到職場，我們很容易想到這樣一句話：「職場就是沒有硝煙的戰場。」舉個簡單的例子，比如，私下聊天時妳不禁發出感歎，工作壓力讓妳想把位置讓給自己滿意的年輕下屬：「得把年輕一代推上去，年齡

大了做不動了。」正好聽的人裡面有位比妳年長且地位略高的人，他有可能誤會妳故意指他擋路。毫無惡意的一句話、一個表情，在職場中就有可能被人誤解，甚至被記恨一輩子。如果得罪了小人，妳就更慘了，所謂明槍易躲、暗箭難防，遲早會被這隻無形的黑手吞噬。可見，職場這條路要想走的順，有些最基本的「禁忌」還是一定要懂的。不然，可能會讓妳丟了工作，毀了前程。當前，世面上的很多書，都是教女性朋友如何「潛伏」在職場，如何將「心計」運用到職場，似乎職場是個黑暗無比的地方，妳不「陰險」、「狡詐」就沒法生存。其實，職場固然不是童話王國，但也絕對沒有那麼爾虞我詐。真正的職場，是女人施展才能的平台。只要在這個平台上，妳懂得避開一些禁區，就可以將自身的才能發揮到極致。如果妳每句話都斟酌、每個舉動都務求得當、每件事都小心再小心地去做，整天縮手縮腳，那豈不是要累死？所以說，女人在職場中，有「心計」不如有「心忌」。本書就是將職場的各個禁區劃分出來，將隱形的禁忌列舉出來，讓讀者做到心中有數，防患於未然。在這個基礎上，這本書還為每一種禁忌提供了解決方法，教讀者有技巧地去應對，從而保護自己、提升自己。書中列舉了許多生動的真實案例，將失敗者的教訓、成功者的經驗，都呈現給讀者，希望職場女性們能從這些案例中，得到啟示。

這本書既不是嘩眾取寵的辦公室「兵法」，也不是教妳學壞使詐的職場「厚黑學」。無論妳是新人、窮忙族還是老前輩，都能在這本書中找出困擾妳的因素。希望讀者朋友讀過此書後，都能有所收穫，用聰明的方式順利升上職、追到「薪」。

作者序——玩轉職場的女人，才是了不起的女人

女人，如果僅僅是長得漂亮，人們充其量只會說：「這是一個花瓶。」如果只是相夫教子，操持家務，人們也只會說：「這是一個賢惠的女人。」但如果一個女人能在職場中「混」得風生水起，相信妳我都會豎起大拇指說：「這是一個了不起的女人！」

在這個對人要求十分高的社會中，好女人的標準已經不再只是長得漂亮，更不再是舊社會奉行的「女子無才便是德」。一個成功的女人，必須擁有自己的快意職場人生。從妳踏入職場的那一刻起，就註定了妳要告別平庸的自己，成就輝煌的人生。

我所提倡的職場女性是儀態萬千、談吐優雅、會說話會辦事、外貌與氣質並重、美麗與智慧集於一身的新女性形象。

可是，在「睾丸激素」充斥的職場裡，女人想體現出自身的價值著實不易。我身邊有很多這樣的女性，年輕貌美，具有專業能力，和男人競爭絲毫不落下風。但她們無論成功與否都難免會遭到或多或少的錯誤解讀。原因不外乎有些男人的眼裡看不到女人身上的專業，只有大胸、大眼、細腿，這讓女性朋友深感一次次能力被忽視的屈辱。

但社會的進步是多方面、多角度的，當男人的飯碗被女人搶走和正被搶走的時候，他們關注的就不再是胸圍和雙腿，而是女性令人稱道的職業能力。

職場是一個名副其實的競技場，從工作起步到站穩腳跟，再到優秀，是一個女人蛻變成長的過程，同時也是一個不斷自我發展、自我超越、自我修煉的過程。在這一過程中，女人需要披荊斬棘，通過自己的努力克服一切困難。而當這一切都留在身後時，妳

就會發現自己收穫了沉甸甸的「禮物」，它絕對不是僅用金錢就可以衡量的。

與此同時，女人也要謹記：職場也是一個小江湖，充滿了詭譎波折。混跡職場的妳，時時處處都有可能讓自己受「暗傷」——有可能是來自別人的明槍暗箭，也可能只是自己的疏忽所致。妳不能改變大的環境，妳不能阻止別人，妳唯一能做的就是改變自己——要嘛是磨平稜角去適應職場環境，要嘛是提升自己去應對職場浮沉……

在職場中打拼，女人一定要多個心眼，時刻懷有保護自己的意識。職場凶險，有很多地方是妳需要謹慎對待的，有很多「禁忌」是妳必須遠離的。比如：老闆的溫柔陷阱，遠離辦公室戀情，不做老闆的情人，要學會藏鋒顯拙，不要成為「功高震主」被「擊斃」的那個人……如此等等。

只有避開這些職場的「雷區」，妳才能避免被炸得粉身碎骨，也才能在升遷的路上走得更遠。

目錄

第1忌

不懂包裝留下難堪的第一印象

外貌是女人的資本，生活中是，社交中是，職場中更是。即使妳是天生的美女，如果不修邊幅或者蓬頭垢面，那麼對不起，妳的職場生涯很快就會結束。

外貌真的那麼重要嗎？答案絕對是肯定的。對於女人來說，職場競爭不僅僅是比智慧、比能力，還要比氣質、風度和形象。在能力相當的情況下，誰在機會面前「曝光率」高，誰成功的可能性就會更大。因此，對於「面子」上的事，女人千萬不可忽略。

形象是職場女性一生的資本

身處職場，能力的培養確實很重要，但也不能忽略形象的塑造。形象上的優勢有助於提升職場魅力。妳如果忽略這一點，妳的才華與能力也有可能被別人忽略。

馬琳今年剛滿三十歲，在一家貿易公司工作。遺憾的是，她進公司已經好幾年了，卻一直沒有升職。馬琳的工作能力很強，跟同事相處得也十分融洽，但她有一個缺點，就是從來不注重自己的形象——不僅不化妝，有時甚至頭髮都不好好梳。雖然大家表面上對她很親熱，但是在背後都用不敢恭維的眼神打量她。

馬琳始終不明白，自己的工作能力一直得到老闆和同事的肯定，但同一時期來的同事都升職了，爲什麼自己還原地不動呢？

苦惱之下，她到人事主管那裡傾訴。人事主管委婉地指出了馬琳的「失誤」。原來，馬琳不修邊幅的形象，讓所有人都認爲她缺乏起碼的職場禮儀，既不把同事放在眼裡，對公司也不尊重。更嚴重的是，即使她能力勝任，由於擔心她的形象會給客户造成誤會，認爲這是一家不注重形象、不敬業、不專業的公司，因此，老闆一直不考慮讓她升到和客户直接接觸的位置。如此一來，馬琳的工作狀態就是「儘管無過，卻沒有功」，就算有升遷的機會，又怎麼會輪得到她呢？

馬琳聽後臉一陣紅一陣白，原來自己這麼多年的努力，都毀在糟糕的形象上了。

有一些女性認爲：過於注重外表，會給公司留下「只愛美、沒能力」的印象。於是，她們錯誤地將自己的形象弄得很鄉土，彷彿這樣就能證明自己是有實力的。其實，要想在職場上有所成就，只有能力是遠遠不夠的。邋遢的形象會讓人失掉注意妳、發現妳的興趣，如果因此失掉展現妳能力的機會，妳還會如此「自信」嗎？所以，不要讓糟糕的形象成爲升職加薪路上的障礙。不論何時，妳都要記住：形象是妳一生的資本。

端莊得體比濃妝豔抹更適合職場

與上面事例中的馬琳相反的是，很多女性過於看重「面子效應」，一去面試或者上班，就將自己打扮得異常惹眼。結果可想而知，正常的公司都會將妳拒之門外或者打一紙「勸退書」。原因很簡單，對於面試的女孩子來說，如果先給公司留下「花瓶」、「沒有實力」的印象，那麼就沒有人願意給妳機會；對於已經進入公司的女孩子來說，這種打扮會刮起辦公室的「花瓶」風，不但會惹得上司不高興，還容易引發辦公室「暗鬥」。

另外，從心理學角度剖析一下，聰明的女孩子應該想到：打扮得花枝招展去面試，若是女面試官，絕大多數不會錄用妳。道理很簡單，無論多麼強大或優秀的女人，對同性總還是有一點敵意的。而如果面試官是男性，那麼多半結局也是「拜拜」。這就更容易理解了：那麼多衣著得體、穿戴合宜的女孩子不要，單單留下一隻彩雀，誰會相信他是在短短的面試時間裡看到了她的能力？

因此，聰明的女孩就要學會揣摩公司、同事和面試官的心理，爭取將所有的因素都趨向於對自己有利的狀態。無論妳是去上班還是去面試，切忌不可蓬頭垢面，更加不可濃妝豔抹。在某種程度上，後者比前者的負面作用更大。

打造知性美女的幾個小方法

每個女孩都應該有這樣的共識：上學時可以素面朝天，做家務時可以不修邊幅，逛街時可以簡單舒適，但只要踏進公司的大門，就一定要讓自己的形象呈現恰到好處的狀態。塑造好的形象，就是爲自己樹立金字招牌，能夠提升妳的魅力及影響力，幫妳在風高浪險的職場中從容地經營自己、成就自己。職場女性塑造出得體的形象，不僅是爲了自己的面子，也是爲了妳所在公司的整體形象，更是爲了以後從容地笑傲職場。假如妳沒有天生麗質的幸運，那也不必氣餒，因爲妳可以把自己打造成知性美女，用魅力去打動別人。上天是公平的，當他爲妳關上天生麗質的門時，就會爲妳打開魅力四射的窗。

那麼，初出校門或者不善打扮的女孩子，應該怎樣將自己包裝成「職場麗人」呢？就從以下幾個方面入手吧——

A・**髮型**。最先進入他人視線的通常是髮型，若想第一眼就給人留下幹練明快的印象，那麼在髮型上就一定要追求整齊和清爽。市面上流行的那些趕時髦或過於花俏的髮型，妳最好還是忍痛割愛，不必試著去嘗試。

B・**淡妝**。妝容能夠顯示女性的精神面貌與修養。職場女性之所以要化妝，是為了讓自己的面容給人以靚麗精緻的感覺，優雅的淡妝能恰到好處地襯托出女性的肌膚和神韻之美。身處職場，濃妝豔抹最要不得，那只會給人一種俗豔的印象，甚至有戴著假面具的滑稽感。選擇適合自己的眼影，一款水潤透亮的脣彩或脣蜜，就足以發揮作用。

C・**服裝**。服裝能夠顯示女性的身分與品味。最適合職場女性的莫過於素雅簡潔的套裝，既有職業的端莊感，剪裁上又能顯出女性的曲線美。當然，由於每個人的喜好不同，有些女性可能會嫌套裝過於老成、沉悶，而偏好鮮亮的顏色和活潑的款式，這不是不可以，但要

切忌把自己裝扮成「聖誕樹」，那只會醜化形象，降低品味。

俗話說：只有懶女人，沒有醜女人。與其抱怨上天沒有給妳好的外貌，倒不如用點頭腦、花點時間、放點精力，去好好設計，把自己的內在魅力挖掘出來。當然，首先要做到的就是拋開「人不可貌相」、「美麗無用」論等錯誤的想法。

小資女職場小心眼

注重形象不會讓自己的實力「減分」，要知道，好馬也要配好鞍，才能讓人相信牠有價值。所以，職場女性永遠不能忽視形象。花點時間和精力，讓自己既能變身知性美女，又能成為職場達人，一舉兩得，有什麼不好呢？

第2忌
矯揉造作　把自己當成「林黛玉」

寄身賈府的林黛玉，才貌出眾、風流婉轉，是很多男生喜歡的類型，也是很多女孩子競相模仿的對象。那麼，職場中的「林妹妹」是否也那般受歡迎呢？有這樣一句話：「人在職場，惘有黛玉之才，但求鳳姐之道！」什麼是職場「林黛玉」？就是指職場中那些自嘆懷才不遇的人。這些人也許有高人一等的學歷，也許有光彩照人的來歷，對公司、對上司、對同事有著近乎苛刻的要求，但是最後卻鬱鬱不得志，以致整日自卑、自嘆、自憐。檢視一下妳自己，是否還在怨天尤人？是否還整日活在悲嘆中？如果是，那就趕快清醒過來吧！給自己力量，擺脫職場「林妹妹」的形象，做一個玩轉職場的「強女人」。

職場不歡迎「林妹妹」

賈府中的林妹妹雖然才貌雙全、氣質脫俗，深得賈寶玉喜愛，但就林妹妹的個性來說，不僅過於嬌滴滴，而且爲人太過敏感，眼裡容不下一粒沙。這種個性的人，在大觀園中尚有存活的空間，但如果出現在職場中，將是一件令人難受的事情。然而，在職場總不乏這樣的人：他們滿腹才華卻懷才不遇，自卑使得他們敏感得幾近病態；他們感嘆世事無常，指責世態炎涼；他們自命清高，不屑於經營人際關係。於是，儘管他們有過人的才華，卻得不到別人的認同，到頭來落得個顧影自憐、孤芳自賞的結局。

阿穎畢業於某頂尖國立大學，才華橫溢、能力出眾，也有著一般小女生所沒有的雄心壯志。進入公司之後，阿穎以自己的學歷爲榮，總覺得跟其他同事共事是對自己才華的浪費。她慣於向上司提出要求，比如給自己一間單獨的辦公室、提高待遇，在職位上和那些私立大學畢業的同事區分開……上司當然不會同意她的這些要求，因爲實在太沒有道理。而一旦上司否決了她的請求，她就覺得上司是故意跟自己過不去。她看不慣同事的某些做法，仗著自己能言善道，對別人說話時喜歡綿裡藏針，要把別人譏諷到難堪才滿意；但她又擔心被別人捉住把柄，做事畏首畏尾；看到同事聊天，就懷疑是不是在說自己的壞話；看到上司找人談話，就擔心是不是在密謀什麼……就這樣，阿穎整天都活在猜疑與敏感中。她不能與同事和睦相處，因爲同事都對她的「小心眼」避而遠之；

她得不到升職的機會，因爲把心思都用在了猜度別人上，用於工作上的自然就減少了很多。時間一久，阿穎不可避免地患上了「職場抑鬱症」，不得已，只能辭職回家養病。

幾乎在所有的公司中，都有阿穎這類麻煩人物。別人怎麼做都是在跟她過不去，似乎她是世界的中心。過於愛猜疑的個性是無法在集體環境中生存的，也無法與人正常交往。妳的身邊是不是也有這樣的「林妹妹」？又或者，妳是不是正扮演著「林妹妹」的角色？也許妳眞的才華橫溢，只是機會還沒有到。妳應該在等待機會的過程中充實自己，而不是心病糾結、利言如刃、多疑善妒。「小心眼」得不到跟同事友好相處的機會；自卑、自私、自憐的心態也只會把機會錯過。長此以往，妳只能跟「林妹妹」一樣以悲劇收場，更別提理想與抱負了。

「強女人」比「林妹妹」更快樂

「林妹妹」是一種接近病態的個性，在職場中無法生存，而這種人本身也不會太快樂。《紅樓夢》中的林黛玉，見到花兒凋謝都要哭著埋掉，還寫首《葬花吟》。跟這樣的人相處是很辛苦的。因此，現代女性要杜絕做「林妹妹」，尤其是在職場中。不如做一個快樂的職場「強女人」。何謂「強女人」？強女人就是不需要年薪上百萬，但一定要有穩定且能養活自己的工作和收入；不需要把幸福全押在男人身上，但一定會知道怎樣才可以過得更幸福；不需要有強勢的氣焰，但一定有強

勢的心態。可以爲自己做主，有選擇的能力，能夠選擇想要的人生，這就是現代社會推崇的強女人。

蕭楊就是典型的職場「強女人」。她就職於一家外商公司，擔任公關部經理，是一個很有才華和能力的人，也是這家公司的元老之一。

她有聰明的頭腦，策劃出許多經典方案；她的收入沒有達到上層水準，但能讓她生活無虞；她不是公司的最高決策人，但所有人在做決定前都會先問一下她的意見。當下屬有問題來找她時，她不一定每次都能提出解決辦法，但是她從容的態度能給下屬解決問題的勇氣。同事、朋友都說她是一個「女強人」，每次聽到，她都會笑著糾正：「不，我不是女強人，我是強女人。」

「強女人」無論在生活還是工作上，都會顯現出積極、快樂的一面。她們每天都精神抖擻，有用不完的精力，絕不會像林妹妹般無病呻吟。「強女人」又與「女強人」不同：「女強人」的強勢讓別人感覺壓抑；「強女人」儘管也強勢，但僅限於心態，而不是姿態。身處職場的女性，一定要力爭成爲「強女人」。只有如此，妳才能獨立、自信，成就屬於自己的職場精彩。

當然，「林妹妹」也有自己的優點，比如出眾的才華。擁有像林黛玉般的才華當然好，但切忌擁有像她一樣的心性。身處職場的妳，要讓自己像薛寶釵和王熙鳳，既有才能，又懂得變通。不妄圖改變環境來適應自己，而是改變自己去適應環境。

如果想做一個玩轉職場、快樂工作的女人，首先要對自己有正確的評估。把自己的條件擺出來，諸如學歷、工作能力、工作經驗、曾經取得的業績和成就等，總有一項會是妳的優勢集中點，也總有一項會打擊妳的信心。沒關係，多跟同事溝通，聽聽他們的意見，也許他們能幫妳做一個正確的評估。

其次是給自己一個自信的形象。不論是著裝還是姿態，都不能表現得不自信。身穿一套幹練的服裝，走路抬起頭來，不論對誰都報以微笑，並熱情地打招呼，勇敢而準確地提出自己的意見。建立自信的形象，擺脫唯唯諾諾、自卑自憐的姿態，上司會更喜歡妳，同事也會對妳刮目相看。

職場中有各式各樣的女生，那些每天忙忙碌碌、快快樂樂，有用不完的精力，和同事的關係都比較好的人，就是職場「強女人」；而那些整日默不作聲，一說話就話裡有話、總喜歡偷聽別人講話、沒事就哀聲抱怨的人，基本上可以叫做職場「林妹妹」。

但凡混過幾年職場的人都知道，像「林妹妹」這樣的女生，自卑、多疑、善妒、小心眼、不會經營人際關係，必定會在職場上多摔幾跤，甚至爬不起來。職場需要的是獨立、自信的女性，而不是矯揉造作、愛使小性子的人。身處職場的妳，應該走出自信的步伐，克服自卑、自憐的心理，不做職場「林妹妹」，而是成爲職場「強女人」。

在職場中打拼，切忌跟「林妹妹」一樣矯揉造作、自卑自嘆；走出自信的步伐，學習薛寶釵的八面玲瓏，才能得到上司、同事、下屬的歡迎，才能成就美好的職場前途。

第3忌 用心太雜 過於重視外表

在職場中，女人常犯的一個毛病是，在辦公桌上擺放太多與工作無關、卻與「臭美」有關的東西，讓人覺得非常不合適。俗話說：愛美之心人皆有之，尤其是女人。長相的漂亮與否，對於身處職場的女人來說，有著至關重要的作用。職場美女更容易讓別人的目光「來電」，進而贏得生存機遇的優先權，但是如果空有一副姣好的表相，而沒有任何實際能力，那麼即使得到了機遇，也不見得能抓住。所以，千萬不要得意於美麗的外表。「金玉其外，敗絮其中」的人身處職場，肯定不會有什麼好的發展的。

妳是不是化妝品擺滿桌的女人？

辦公室是工作的地方，擺放的東西應該和工作有關，如公文、資料等。然而，很多女性剛開始還比較留意這點，時間一長，就把各種「臭美」小工具帶了進來，小鏡子、化妝品，擺得琳琅滿目，放眼望去，像個雜貨攤子，看起來很沒有職業素養。

妳的身邊有沒有「孔雀女」在辦公室綻放？也許妳會問，什麼是「孔雀女」？「孔雀女」是都市物質女孩的代名詞，她們緊追時尚，絕不錯過任何能彰顯自己品味和物質條件的機會。步入職場後，她們身邊的所有人，包括上司，都有可能成爲她們比較的對象。還有一些女孩子，爲了裝扮得出眾，不惜借錢扮靚，還要四處撒謊逞強，最後弄得身心疲憊。

葉蕙所在的公司就不乏這種「孔雀女」，例如前段時間剛進公司的悠然。上班第一天，她就有司機接送。在進辦公室的一剎那，葉蕙和同事明顯注意到悠然眼裡的高傲。經過仔細打量，大家發現：她的包是LV的，衣服和鞋是Valentino，脖子上還戴著一條Tiffany的項鍊。之後的每一天，悠然都很招搖地穿梭在辦公室。據愛八卦的同事說，悠然的爸爸是一家公司的大老闆。

可是，只有葉蕙知道眞實情況。因爲有一次，葉蕙挨了老闆的批評，心情不好，在樓道拐角處「面壁思過」，遇到了來樓梯間打電話的悠然。看悠然一副不想讓人知道的樣子，葉蕙也很識趣地躲在拐角沒出來，結果就聽到了悠然的祕密。原來她的父母只是普通的職員，她不想進公司被人瞧不起，就四處找朋友借錢，購置了那一套昂貴的「行頭」。現在朋友頻頻催促她還錢呢！等悠然走了之後，葉蕙從拐角出來，心裡感嘆：何必呢？一身名牌堆砌出來的虛假尊貴，到頭來苦的只是自己。

太注重外表，在職場中本來就不可取，悠然卻還以裝有錢人的方式來滿足虛榮心，就更加沒有必要。其實，在職場中，女生稍加注意外型即可，沒有必要打扮得花枝招展，更沒有必要扮演有錢人。在職場中，老闆看重的是能力，而不是妳外表打扮得多漂亮、家底多豐厚。

職場女性不要有「花瓶」意識

很多女生認爲，只要夠漂亮，到哪裡都有優勢。如果擁有美麗的容貌就能更順利地走向成功，那麼上班時盡量將自己打扮得迷人就好，無論職場上硝煙多麼彌漫，競爭多麼激烈，那些男上司、男同事、男客戶都會對美女另眼相看，甚至給予諸多照顧，闖蕩職場多簡單容易呀？

不可否認，天生麗質的女生確實有優勢，但容顏的美麗不是一生不變的資本。如果妳拿美貌當作馳騁職場的資本，那麼當容顏不再時，妳將沒有任何可以依靠的條件。

因此，不能只把美麗當資本，要懂得塡充內容，讓自己變得充實。那麼，即使有一天容顏老去，妳也有生存下去的本領。

馮丹是個相貌中等偏上的女孩，加上很會裝扮，所以從小便被人以「美女」相稱。上學時，馮丹漂亮的優勢就顯現了出來，不僅總有男同學圍在身邊幫她做事情，就連在公共場所也時常有男士禮讓。馮丹從小就很享受這一切，十分感謝上蒼給了自己一個美麗的外貌。

工作後，馮丹一如既往，想利用這個優勢爲自己開闢一條坦途。剛進公司時，她的美貌的確吸引了男同事和上司的關注，無論做什麼事，總有男同事主動相助，甚至做錯了事，上司也會寬容她。但慢慢地，馮丹發現自己的優勢在逐漸轉爲劣勢。原因是，很多女同事對她充滿敵意。有幾次，馮丹在洗手間聽她們說自己「出賣色相」來換取男人的幫助。言語不堪入耳，讓馮丹幾乎崩潰。更嚴重的是，馮丹發現，男上司對她越寬容，女上司則越嚴苛，甚至到了雞蛋裡挑骨頭的地步。馮丹覺得在公司無法再待下去了，只好另謀他就。

美貌固然會征服男人，但也會引起女人的嫉妒。女人的嫉妒心一旦發作是十分可怕的，尤其是女上司，她會利用手中的職權爲難妳。所以，聰明的女人不要將心思都花在打扮上，更不要有用美貌贏得幫助的心理。如果妳是個漂亮的女人，而恰巧有女上司，那麼就一定要注意，千萬別露出拿美貌當優勢的姿態。一旦引起女上司的嫉妒，妳的好日子就到盡頭了。

天生麗質的職場女性要記住，絕對不能安於現狀。在工作中，要向前輩學習工作以及處事技巧，爲自己織一張固若金湯的人際關係網；工作之餘，抓住一切機會提高內在修養，爭取讓自己做到表裡如一。不論何時，妳都要不斷提升自己，這樣才能讓那些對「花瓶」有敵意的人真正認識妳，讓妳擁有持久的競爭力。

美女不如知性女

職場中，人再漂亮也不如工作做得漂亮。老闆看重的最終還是利益，即使再漂亮，如果不能帶來效益，那麼對於老闆來說也是沒價值的。所以，要想在職場中站穩腳跟、有所發展，就要不斷提高工作能力、提升自我，千萬不要把精力過多的放在「臭美」上。

如何提升自我？多看書是一個最簡單、最實用的選擇。

林悅被朋友們笑稱為「跳蚤」，就是因為她總在頻繁地換工作。不論哪份工作，只要遇到不開心的事情，她就會產生換工作的想法，並立即付諸行動。林悅也知道這種做法不妥，曾多次告誡自己，「這是最後一次了」；但每次遇到不順利的事情，還是控制不住自己。

直到一個偶然的機會，林悅讀到一本美國演講家的書，在書中，林悅瞭解到自己在工作中存在的問題，並按書中的建議去改變。慢慢地，林悅開始熱情、積極地工作了。她在目前就職的公司安定下來，開始了愉快的職場生涯。

一本書有可能改變一個人的命運。也許，在浩如煙海的書籍中，恰好就有一本是適合妳的——教妳如何走出內心的困境、教妳如何解決工作中的難題、教妳如何變得更優秀……這對於妳來說，不是一種莫大的幸運嗎？漂亮的衣服會變形，美麗的容貌會老去，只有獲得的知識才永遠不會貶值，那是妳受用一生的財富。

形象固然重要，但外貌並不是唯一的競爭力。「孔雀女」只是一時風光，不會成爲永久的資本。如果妳把美貌當作資本，把自己打造成一個「花瓶」，那麼，終有一天，妳會失去競爭的資本，在職場摔倒後再也站不起來。

小資女職場小心眼

聰明女人混跡職場，不會只以美貌為資本，而是會不斷地學習，不斷地提升工作能力和內在素養。讓自己更有能力和實力，才能在職場中闖出一片天地。

第4忌

天真青澀 不懂職場如戰場

金庸武俠小說《笑傲江湖》中，任我行說過這樣一句話：「有人的地方就有恩怨，有恩怨的地方就有江湖。」把這句話借用過來，可以改為：「有人的地方就有職場，有職場的地方就有爭鬥。」身處職場，就不可避免地會介入「爭鬥」。如果妳還像個孩子，天真地以為可以超脫於刀光劍影之外，那麼妳就只有被犧牲、被淘汰的下場。如果妳不想成為墊腳石或犧牲品，那麼就要加快成長的速度，向老闆、上司和同事學習，在努力中壯大自己的實力。

職場是一個看不見硝煙的戰場

剛走出校園時，我們曾天眞地以爲職場並無太大不同，依然是一群人聚在一起，只不過要做的事情從學習變成了工作。但不久之後，大多數人就知道不是那麼回事了。身處職場，妳見到過這樣的現象嗎？同樣的一批「士兵」，有的人在種種經歷之後成了「將軍」，有的人永遠停留在散兵游勇的狀態，並自我感覺良好；有的人渾渾噩噩，成爲了別人的「鋪路石」還不自知，有的人苦盡甘來，在發展中實現了自己的價値……每個人都在迷茫中掙扎，在掙扎中思索，在思索中前行。人人都渴望自己能成爲職場中最後、最大的贏家，希望能在證明自我價値的同時，得到最高的「價格」。在這種渴望與希望中，每個人除了努力工作，還免不了要透過明爭暗鬥，盡全力爲自己掃平前行路上的障礙。

沒錯，職場就是一個看不見硝煙的戰場，甚至比眞槍實彈的戰場更可怕。在職場中，人人都將眞實的自我隱藏起來，表面上笑靨如花，笑容背後卻隱藏著武器和殺機。每個人都會爲了自己的職場利益，而選擇毫不留情地「幹掉」別人。如果不想被別人「幹掉」，妳就必須拿起「武器」保衛自己。連童話故事都會告訴我們，天眞的小白兔只有被大灰狼吃掉這個結局。妳呢？還要讓天眞毀掉自己嗎？職場如戰場，妳必須明白這一點，才有可能贏得戰爭的勝利。

公司沒有家長會，只有勸退函

上過學的人都知道，學校每年會舉行家長會。在會上，老師會苦口婆心地匯報每個學生的學習情況。對於學習成績比較差的學生，會耐心地分析原因，尋找解決辦法。但在職場中就不會有這樣的機會了。學校之所以會那樣做，在於教育中有「義務」的倫理，所以有責任爲學生的學習成績負責。何況，學生也是一個變相的「消費者」，是在拿錢買教育。而職場則完全相反，員工從老闆那裡拿工資，就要對老闆負責，讓老闆滿意。怎樣能讓他滿意呢？自然是創造高業績，給他帶來豐厚的利潤。一旦妳業績差勁，那麼對不起，老闆會就請妳離開。這就是殘酷的社會與學校的區別。

那麼，如何讓自己進步、贏得老闆的喜歡呢？我們先來看看妳是不是還在經歷這樣的事情：在公司裡，資歷不如妳、業績不如妳的同事紛紛升職、加薪，而妳卻得不到應有的報酬；妳謙虛待人、謹愼做事、固守原則，卻被誤以爲是老實可欺；妳只顧埋頭努力工作，卻在某一天發現，妳竟然被同事出賣，無端承受老闆的責罵……

這種事如果接二連三地發生，妳還會以爲是偶然嗎？如果不想讓自己一直受暗傷，那麼就要努力加速成長，好有足夠的實力站在頂端，讓別人不敢再小看妳、踩低妳——這難道不比發牢騷和抱怨更好、更有力嗎？

小文畢業後進了一家公司做經理助理，工作也比較努力。但她進公司已經三年了，卻還是在經理特助的位置上止步不前。小文的工作能力有目共睹，升任主管似乎理所當然。每當要好的同事告訴小文，她應該去向經理爭取升職時，小文總是笑而不語。她總是天眞地以爲，經理看得到自己的實力，不給自己升職是因爲還要進行更深層次地考察。等到經理認爲自己能勝任主管一職時，他自然而然就會爲自己升職了。可是，有一天，經理卻告訴小文，她的同事小冉將擔任新的行政主管——小冉才進公司不到一年，小文這時才驚覺以前的自己太過天眞。

小文找到經理，詢問自己得不到升職的原因，明明自己一直很努力工作。經理告訴小文：「妳的能力我清楚，妳的爲人我也明白，我知道妳也能夠坐穩主管的位子。但是有一點，從妳進公司到現在，妳在努力工作是沒錯，可是我看不到妳的進步——這是我一直在期待的。妳完全可以有更優秀的表現，可以比現在做得更好，可是妳讓我失望了。」

身處職場，如果不努力地提升自己，那麼總有一天，妳會被公司放棄。上司、老闆會毫不留情請妳離開，把機會留給其他人。所以，如果妳不想被淘汰掉，就要利用一切機會、資源充實自己，加快成長步伐。擁有足夠資本的人，才能在職場笑到最後。

把職場「土著」當作自己的老師

剛畢業的年輕人難免會帶著一些學生思維步入職場，這可以理解。但是，職場新人要快速從學生角色中轉變過來。職場如戰場，並不是大家和平相處的校園。當今社會，人才濟濟，競爭激烈，要想不被社會淘汰、不被職場競爭擊敗，妳必須要注意提升自己的價值和競爭力。提升自己、充實自己，利用工作之餘的學習固然是一個不錯的途徑，但是要想更快地成長，還應該懂得尋找捷徑。

初進職場，有不懂的事情很正常，但是千萬不能再像聽課一樣，有不會的地方也不主動去問老師。職場中人，最要具備的品質就是謙虛好學。對於新進職場的人來說，向那些職場「土著（老員工）」學習，是幫助自己盡快成長的捷徑之一。不論是大事小事，不論是他們對工作中疑難問題的解決方法，還是他們處理複雜人際關係之道，都是妳應該學習和借鑑的。

聰明的女生懂得借力使力，站在別人的肩膀上，好讓自己看得更遠。那些職場老前輩，大多已摸索出一條恰當的職場路，沿著他們鋪好的路走，能讓自己少走冤枉路，也能少面對路上的艱難坎坷，盡快到達理想中的目的地。

職場新人一定要改掉學生思維中不懂變通的習慣。職場人士都十分圓滑，女生走進職場，就要快速轉換角色，讓自己變得「世故」一些。這裡的「世故」並非耍滑頭，而是讓處事方式變得靈活一些。比如，向那些職場「土著」學習，並不是要妳機械地把別人的經驗搬來用，而是妳要時刻掌握主動，主動地「摘取」而非被動地複製。把別人成功的並且適合自己的經驗拿來用，對於別人失敗的或是不適合自己的經驗，要善於篩選，從中總結教訓，以免日後也遭遇失敗。

職場如戰場，要想在這個戰場獲勝，就必須有眞本事。偷奸耍滑或許能得意一時，但最終的勝利只屬於那些有眞才實學、踏實工作並不斷進步的人。

職場如戰場，硝煙彌漫，一不小心就有可能被別人「暗傷」。所以，如果不想成為別人的「刀下亡魂」，就要努力加強對自己的訓練，練就一身本領，從別人那裡「偷師學藝」，讓自己盡快成長，才能最終笑傲職場。

第5忌
愛哭鬼　用眼淚賺同情

身處職場，難免遇到種種不順，甚至是種種挫折：無緣無故被老闆批評，總是在重複繁瑣而無意義的工作內容，升職加薪總是輪不到自己……有些委屈真的讓人很想哭。男人可以頂住壓力，畢竟男兒有淚不輕彈；可是做為女性，在面對工作中的麻煩和挫折時，就會克制不住地掉下眼淚，妄圖以此來博取老闆和同事的同情。

眼淚有時候可以獲取同情，但絕不能成為面對壓力和挫折的「擋箭牌」。掉眼淚的次數過多、頻率過繁，有可能達到反效果：老闆和同事會覺得，妳除了會掉眼淚沒別的本事。妳不僅得不到同情和憐憫，反而讓人覺得厭煩。那麼，在工作中，我們究竟應該如何去做呢？

學著不以脆弱那面示人

在工作中，遇到不順利的事，是每個人都無法避免的；做爲女員工，也難免會有情緒低落的時候，這些都可能會讓妳哭泣。但是在哭泣過後，妳是否想過後果？眼淚是否能帶來妳想要的結果呢？做爲職場人，妳的眼淚在上司、同事、下屬、客戶面前，給妳帶來的是什麼呢？

在上司看來，眼淚只能說明妳既無法勝任工作，又不會管理自己的情緒；不但辦事能力不足，還經不起批評。在同事的眼中，眼淚只會讓他們覺得妳是在博取同情，故作嬌弱，令人反感。在下屬面前哭泣，是對妳領導權威的削弱，不利於今後的管理。在客戶面前哭泣，不僅是對自己專業形象的毀壞，更會令客戶質疑公司的專業水準。

趙瓊是一位職場新人。不久前，她把剛剛做出的提案交給了上司，而趙瓊的同事琳達卻認爲她抄襲。趙瓊走出上司辦公室的時候，聽到琳達在身後說：「一個剛來的新人，會有什麼創意啊？我看就是抄的，還裝模作樣，眞當是自己做的了。」趙瓊聽到後，覺得十分委屈，眼淚就忍不住掉了下來。她心想：職場是個什麼鬼地方嘛！人怎麼會這樣思考、這樣講話呢？正在傷心，一個和她同時進入公司的女孩走過來，悄悄說：「別在這裡掉眼淚。」趙瓊心領神會，連忙擦乾了臉上的淚水。

在職場中顯示脆弱是愚蠢的行爲。如果妳總在辦公場合哭哭啼啼，會讓上司和同事對妳處理問題的能力產生懷疑，進而影響妳的職業生涯。因此，即使妳有萬般的委屈，也不要輕易在辦公室裡表現出來，更不能動不動就掉眼淚。要知道，在職場中打拼，需要的是能力和信心，還有能夠擔當大任的魄力。喜歡掉眼淚的人，是無法給人類似印象的。

職場不相信眼淚

很多時候，職場女性掉眼淚，多半是覺得自己「吃力不討好」，受了委屈。但她們沒有意識到，在職場中，辛苦雖然重要，但更重要的是最終的結果。在結果不盡如人意的情況下，如果還要掉眼淚，那麼不但不值得同情，還會令自己處於危險的境地。

胡楠是廣告公司的一名創意組長，她做事比較用心，成績也十分顯眼，但就是有一個缺點——愛哭。上司對胡楠的愛哭也有所耳聞，曾多次暗示她改掉這個毛病，胡楠卻沒有放在心上。終於有一天，她爲她的愛哭付出了代價。

一個月前，公司的大客户指名要胡楠爲他們下一季的廣告提案。胡楠十分興奮，這證明了客户對自己工作能力的認可，她立即投入到了緊張的工作中。一個月後，到了提交創意的日子，胡楠神情激昂的講解著她的創意文案，可是客户卻流露出不滿意的神情，令胡楠越講越心虛。等她全部講完後，客户終於開口說：「很抱歉，妳完全沒有抓住我們公司產品的特點，我很遺憾！」剎那間，胡楠如五雷轟頂，眼淚頓時如江河絕堤般湧了出來。客戶驚詫地瞪圓了雙眼，總監連忙在一邊打圓場。

回到公司後，總監十分嚴厲地對胡楠說：「將個人情緒帶入職場，是十分不專業的表現，更何況還是在客戶面前。我對妳今天的表現很失望！妳去財務室結帳吧！」

胡楠就這樣，因爲自己的眼淚，丟掉了工作。

職場是靠實力說話的地方，在這裡，做出業績才是硬道理。只有工作業績才能證明妳的能力，體現妳的價値。在職場遇到問題，靠眼淚是解決不了的，眼淚只能證明妳的懦弱和不專業。

一時的發洩固然會得到情緒上的緩解，可是相對於眼淚帶來的負面效應，孰輕孰重，想必不用說妳也很清楚。所以，對於工作中的挫折與不如意，妳必須學會堅強面對。既然身處職場，就只能展現最專業的一面。更何況，哭泣並不能讓問題解決、讓麻煩消失，除了破壞自己的形象，沒有任何好處。既然是沒有意義的事，妳又爲什麼要做呢？

不要眼淚，要方法

即使妳在職場中感到委屈難過，也不要輕易掉下眼淚，不論什麼時候，妳都要記得：職場不相信眼淚。在工作中遇到問題，上司需要的是妳提出解決問題的辦法，而不是看到妳委屈的淚水。妳

也應該相信：在眼淚之外總會找到解決的辦法。

首先，職場女性要克服感情用事的習慣，努力用理智控制情緒。就算妳對某件事十分不滿，也要告訴自己：先平靜了情緒再說話。假如妳怒氣沖沖，找同事或者上司理論，那麼很可能會把對方也惹火，後果就不堪設想了。因此，即使妳感到不公平、不滿，也要盡量平心靜氣地去和對方溝通。

其次，如果妳很生氣，覺得受了莫大的委屈，那麼不妨先拋開自己的想法，站在對方立場上想想。如果妳能這樣做，那麼大多數時候，妳會發現事情遠遠不是自己理解的那樣。換個角度想，至少會讓哭的慾望降低，避免情緒衝動。

周冰冰是一位職場新人，大學畢業後成功的加入了DH公司，憑藉著過人的專業知識和任勞任怨的做事風格，很快獲得了上司的賞識。眼看又到了一年一度全球展銷會的日子，老闆給了周冰冰一個展示才能的機會，讓她負責公司展臺的設計。周冰冰接到任務後興奮不已，立刻將所有的精力都投入到了工作中，加班成了家常便飯，但她卻一點都不覺得累，每天依然精神抖擻。當她把設計好的創意方案給經理看的時候，經理卻說：「妳設計的這個一點創意都沒有，怎麼能吸引訂貨商呢？而且雜亂無章！」周冰冰感到委屈極了，淚水瞬間充滿眼眶。但她隨即把眼淚憋了回去，「怎麼能掉眼淚呢？不能哭！哭就太懦弱了，要堅強！」周冰冰控制了一下波動的情緒，回到座位上重新來過。

周冰冰明白，眼淚不能幫她解決問題，只能讓她顯得更不專業，這不是一個專業的職場人應該表現出的反應。在出現問題時，更需要用冷靜的頭腦去找方法，在堅強中學會成長。

每個人在職場都不可避免地會遇到挫折，就看妳如何看待它。挫折也好，麻煩也好，其本身都帶有正面和負面的雙重意義，重要的是妳能否藉此汲取教訓。在挫折面前，妳需要的就是提高心理承受能力，以及對挫折的抵抗能力。不論是什麼情況，都不應該讓情緒主宰一切。想哭就哭是弱者的表現，也會讓別人感到厭煩。所以，身處職場，遇到問題應該尋求解決的辦法，而不是用眼淚掩蓋一切。

小資女職場小心眼

掉眼淚也要看場合。身處職場，遭遇挫折與麻煩是再正常不過的事。如果只會用眼淚來發洩委屈，而不去尋找解決問題的方法，那麼妳不會得到任何進步。當掉眼淚成為習慣時，別人也就不會買帳了。職場女性，要學會在堅強中成長。

第6忌
事事推託　不敢承擔責任

人人都道「謙虛是美德」，中國人對謙虛的推崇可是達到了登峰造極的程度。如今的職場中，也有很多人喜歡謙虛地說：「這個我不行啊！」這句話中的真意是需要推敲的：有些人是因為能力有限，怕把事情搞砸才這麼說，那是迫於無奈；也有人是聰明至極，看到了事情的艱難，想打個太極，把難事推給別人；也有人受人所托，為躲避麻煩而說「我不行」……無論是出於哪種原因，經常說「我不行」都不是一個好習慣。雖然在職場中，高調過頭容易成為眾矢之的；可是事事推託，在上司眼中就是沒有價值、不負責任；對同事的囑託推三阻四，也不利於同事間的交往。

職場中不需要過於謙虛的美德

謙虛是好事，尤其在職場中，更要謙虛行事，但謙虛並不意味著自貶身價。妳可能會碰到這樣一些人：他們從頂尖大學畢業，專業搶手，可是工作後的成績卻是平淡無奇。什麼原因讓這些鳳凰跌落枝頭呢？很可能就是因爲他們謙虛過了頭，稍有挑戰性的事就不敢去嘗試，奉行「少做少錯、不做不錯」的原則，總希望頂著以前的光環過日子，結果終生沒有成績。

吳琪做爲一名商業管理專業的優秀畢業生，在公司的新員工培訓會上，聽到公司希望大家多提意見的倡議，心裡非常激動。會後，她用了不到一個月的時間，就洋洋灑灑寫出一份萬言建議書，從部門設置、工作流程、作息時間等很多方面，指出了公司的「不足」，還提出了改進意見。可是令她意外的是，這份建議書並沒有得到公司的肯定，還被指出了不少問題，同事中也不乏落井下石之人。後來，吳琪又提交過一個建議書，也沒有得到大家的認可。從此，就有傳言說，她這個高材生也不過如此，有些人還對她冷嘲熱諷。後來，吳琪在工作中也沒有取得好成績來挽回顏面，她開始信心受挫，第一次有了無力感。從此以後，對於公司的企劃案，她再也不敢別出心裁，只是跟著大家的腳步走，怕說錯了或做錯了再次落人口實。上司有意把有挑戰性的工作交給她，希望培養她。可是吳琪每次總是說：「請您再考慮一下，我現在的能力還不足，還需要學習……」每次都是這套說詞，時間久了，上司也懶得理她了。眼看著一起進公司的同事都平步青雲，她心裡也很不舒服，可是一想起初進公司時遭遇的難堪，就想著還是謙虛一點好，謙虛總是錯不了。就這樣，一個曾經的高材生被埋沒了。

旁觀者清，從吳琪的經歷中，我們可以得到這樣的啓示：職場上，爲人處世是應該謙虛，但也要掌握好一個尺度，不要因爲一、兩次的小挫折就自暴自棄。虛心是正確的，但過度的謙虛會演變成一種自卑，久而久之會侵蝕掉人的自信心，讓本來優秀的人毫無建樹。

同事請幫忙，千萬別說「我不行」

同事有求於妳時，如果眞的心有餘而力不足也就罷了，但要是藉故推託就不對了。同事是可以成爲朋友的，一些能力所及的小事妳幫助他，總沒有壞處。勇於擔當的人才能獲得他人的尊重。

曉曉是個過於精明的女孩，從來不肯對同事出手相助。每當有人找她幫忙時，她最常說的話就是「不行」、「我不會」。其實很多時候，同事找曉曉幫忙的都是舉手之勞的小事。而曉曉不論什麼事情，只要一聽出同事的意思是要自己幫忙，立刻擺擺手說「不行」，然後走開。慢慢地，同事們也就不再找她幫忙做任何事了。

有一天，曉曉的電腦出了問題，保存的檔案怎麼都找不到了，那是老闆特地交代她做的。曉曉急得像熱鍋上的螞蟻，非常希望有同事能來幫幫忙，但卻沒有一個同事主動走過來。曉曉想到自己平時對同事的態度，也就不好意思向任何同事開口求助了。

還有一種人經常藉故推託工作，嘴邊掛著「我能力不行、我不合適、會有更好的人選的……」等，他們不是沒自信，只是眼高於頂，不甘心做認為沒前途的工作，「我不行」純粹只是一個藉口。其實，這種不甘心最要不得了。認眞工作是一種態度，只要妳接受了這份工作就該認眞地做下去，這是做人的準則。所以，改掉事事推託的壞習慣，承擔妳應盡的義務吧！

小資女職場小心眼

做人要有擔當，不能遇到難事就退縮。即使遭受挫折，也要盡快調整心態，等待即將到來的機會。就像那句話說的：「不逼自己一把，妳永遠都不會知道自己有多優秀。」

第7忌 疏於偽裝 把情緒寫在臉上

我們身處的職場裡，各式各樣的人上演著各式各樣的戲碼，爾虞我詐，你爭我奪。但是，不論戲碼多麼精彩，總有一個真相不容忽視，那就是：那些笑到最後的人，往往是在平時最平靜無波、情緒最少起伏的人。

辦公室裡最看不清的就是人心。試想，妳不懂得掩飾情緒、所有的目標與追求都能讓人一眼看穿的話，妳就只能處於被動防守的境地，最終極可能落得個被犧牲的下場，難道不可悲嗎？所以，身處職場，要學會掩藏情緒，喜怒不形於色，這樣才可以在他人的「看不穿」中成就自己。

學會將自己的情緒放在心底

情緒是每天跟隨人的一個「影子」。高興也好，不高興也罷，都是情緒的一種表現。有些人看起來沒有表情、沒有情緒，其實是聰明地隱藏在內心。而有些人則不那麼聰明，尤其是一些女生，一有點情緒上的波動，臉上立刻表現出來。高興時，好像全世界都是美好的，看見誰都微笑；不高興時，又好像所有人都得罪了自己，不管跟誰說話，都是一張不耐煩的冷臉。

如果生活中的妳是這樣，那麼妳已經很危險了；若妳將這種習慣帶到了職場，那麼只能說，妳難以在職場有好人緣和出頭之日了。也許妳還沒意識到，在職場有一種東西很要命，那就是不自覺暴露的情緒。它會在不知不覺中出賣妳，等到妳發現時，形勢早已無可挽回。壞情緒中，影響最壞的就是逆反情緒，一旦這種情緒表現得過於明顯，妳就做好「陣亡」的準備吧！

熟識林玫的人都知道，她是一個太過情緒化、講究率性而為的人。不論以前在學校也好，現在步入職場也好，林玫的心性一點都沒有改變，還是會毫無顧忌地表露自己的眞實情緒，厭惡、鄙視、反感……統統表露無遺。之前，林玫的親朋好友都能體諒她，不跟她計較，任由她想怎麼樣就怎麼樣；可是，現在她已經進入職場了，沒有人有義務忍受她的壞情緒。其實林玫自己也知道，愛把情緒露在臉上不是個好習慣，在職場上肯定會吃虧，但就是改不過來。終於有一天，已經吃了很多「暗虧」的林玫，又一次在自己的情緒上受了傷。

林玫所在的設計公司接了個大案子，一旦完成，可以帶來十分可觀的利潤。於是，老闆一聲令下，全部人員都要爲這個專案忙碌。等到分配具體工作時，林玫的逆反情緒又開始冒出頭了。接下來的幾天，整個辦公室就只聽見林玫的抱怨聲：「爲什麼妳分配的工作比我輕？」「爲什麼別人早下班回家了，我還要加班？」「妳又不是我的上司，憑什麼指揮我？」「就算妳是主管，妳憑什麼就能對我大吼大叫？失誤又不是我造成的！」如此等等。直到有一天，林玫又在抱怨時，正巧撞上了老闆。結果可想而知，老闆什麼話也沒說，直接給了林玫一紙解聘通知書。

在工作中，即使對某些人、某些事有不滿，如果妳夠聰明，就要學會把情緒掩藏起來。要想不被別人看穿自己的眞實意圖，居於主動地位，就應該學會喜怒不形於色。如果妳像個「玻璃人」似的，讓別人一眼就能看透，那麼，妳一定會成爲被出賣或被犧牲的那個倒楣鬼。

別帶著情緒進辦公室

如果妳情緒好，那麼可以在走進辦公室時，適度展示一下；如果妳情緒不好，就請將不悅壓在心底，走進辦公室前，先來個深呼吸，並掛上微笑。畢竟，同事、上司、老闆不是妳的親人、朋友、心理醫生，沒有人會爲了妳不佳的情緒勸慰妳、心疼妳。

當妳步入職場時，妳就應該明白：職場不同於學校，更不同於家裡，充滿了爾虞我詐、勾心鬥角。部門與部門之間、同事與同事之間、上司與下屬之間，爲了業績、爲了升職，都不可避免地在競爭、爭鬥。在爭鬥中，面具能幫妳掩飾情緒，城府能讓妳懂得變通。用面具隱藏自己，以城府出奇制勝，才會實現最後的勝利。

前一晚，心雨剛跟老公吵了一架，心情很不好，就連最心愛的貓咪也受到她暴躁情緒的波及。臨出門時，心雨在鏡子裡看到了一張「無敵黑金剛」的臉，而且明顯寫著：「暴怒中，請勿靠近。」在從家到公司的路上，不知道是心理作用還是確實如此，心雨感覺到路上的行人都以怪異的眼神望著自己，在即將跟自己擦肩而過時還加快腳步，唯恐避之不及。心雨突然驚醒了：難道要這樣黑著一張臉進辦公室嗎？帶著這種壞情緒，能夠好好地工作嗎？想到這些，心雨在快到公司時，突然轉個身，走向小廣場。那裡有開得正豔的花，有淙淙淌過的流水，心雨對著水中的倒影，做了個深呼吸，在心裡說：心雨，加油，妳可以的！

轉過身回來，心雨給自己戴上了微笑的面具，將壞情緒掩藏在後面。一整天下來，無論是被上司責罵，還是同事間的磨擦，她都以微笑去面對。快下班時，同在一個辦公室的好友美玲——也是唯一知道心雨跟老公吵架的人，拉住心雨，納悶地問：「看妳這容光煥發的樣子，一點也不像是昨天那個打電話給我、哭哭啼啼又暴怒的人啊？妳這麼快就沒事了？」心雨苦笑，說：「哪能這麼快就沒事了。我是用笑來掩飾怒氣，免得波及無辜，讓人抓住把柄。我現在是在工作，總不能把私人情緒帶到工作中來吧？」

心雨是睿智的。辦公室就是工作的場合，所有的私人情緒都應該收起來。在職場，最應該有的情緒就是：得而不喜，失而不憂，喜怒不形於色，平靜對待一切。

當妳把所有的情緒都寫在臉上時，無疑是把最眞實的自己展露在別人面前：妳的稜角，妳的高傲，妳的脆弱……都會被別人看得一清二楚，就像是不穿衣服站在對手面前，還有什麼資本去跟別人競爭呢？況且，對方看透了妳，清楚地知道了妳的弱點，也許只要動一動小手指，妳就不得不投降。這對妳不是難以挽回的損失嗎？

所以，如果不想讓別人看透自己，就應該有一點城府，用僞裝作爲保護色，學會僞裝情緒。不被別人看透，才能在競爭中立於不敗之地。

珍進入職場的時間並不長，但最近的表現卻開始呈現出一個老員工的狀態——工作開始不認眞、態度明顯懶散了。原因是，珍是頂尖國立大學的高材生，在熟悉了工作流程後，就覺得自己做這份工作太委屈了。這樣的想法，使珍的工作態度越來越不認眞，不但平常工作經常出錯、被上司批評，就連公司的活動她也十分怠慢，還不屑地說：「那麼無聊，我才不願意去爭呢！」上司注意到珍的變化，並見其「屢教不改」，心中漸漸有了辭退她的想法。

一次，珍又粗心地把報表做錯了。當時上司剛剛損失一個大客户，心情不佳，便十分生氣地將珍叫過來，對她吼道：「妳這報表是怎麼做的，爲什麼一再出錯？妳一個高材生，還做不好這點工作嗎？妳覺得自己在這裡委屈？那妳走啊，妳可以馬上離開！我們只要把招募廣告一發出去，馬上有大把的人來應徵！」

珍挨了罵，滿心委屈地走出了辦公室。這時，正巧珍的男友打來電話，珍便將受的氣全發洩在了男友身上。她的男友勸慰說：「別難過了，拿了人家的薪水，就要替人家做事，偶爾挨罵也是正常的，妳那不能受氣的脾氣也該改改了。」珍聽後更加氣惱，和男友大吵了一架。她掛斷電話，正準備倒水喝時，桌上的電話響了，她拿起來不耐煩地大聲喊：「你找誰？有什麼事？」電話那頭也大聲說：「沒什麼事！」珍掛掉電話，呆坐在桌前，腦子裡一片混亂。這時，有同事走過來，關切地問珍怎麼了，沒想到珍反而對著那同事發脾氣。同事走開了，其他人也都在忙自己的事，對珍的情緒視而不見。不久，珍因為老闆和同事都不「善待」自己而離開了。

珍是典型的脾氣火爆的女孩。但在職場中，無論妳的脾氣多麼火爆，都應該收斂，否則最後吃虧的還是自己。

小資女職場小心眼

女人身處職場，應該拋棄平時的天真、坦率，為自己準備好掩飾真實情緒的面具。學會偽裝自己，才能避免被別人看得太透、被人窺破弱點，才能不給別人可乘之機。

第8忌

自恃富有　把工作當玩票

職場中，大部分人都是忙忙碌碌的，生怕一不認真就犯錯誤。而總有這樣一些人，每天只知道在辦公室裡談天說地、大吃零食、描眉撲粉，甚至在電話中打情罵俏。她們從來不知道應該好好工作，也不知道工作該怎麼做。上司往往也拿她們沒有辦法，因為她們家裡不是有錢就是有勢。殊不知，靠人人會老，靠門門會倒。如果靠山倒了，她們該如何面對現實的競爭呢？

再富有也別做辦公室的「裝飾」

有些女人家底殷實，上班純粹是爲了打發無聊的時間。這樣的女人，工作既不認眞，也沒有建樹，甚至犯了錯也無所謂，成了辦公室的裝飾品。還有一些靠關係進入職場的女人，她們只知道吩咐別人工作，自己坐收漁利。這些女人輕視工作，是職場中奮鬥人士瞧不起的、沒有價值的人。

孫慧就是典型的辦公室「裝飾品」。她生在一個非常富有的家庭，爸爸是一家房地產公司的董事長，媽媽是一家酒店的總經理。從小到大，孫慧獲得了萬般的呵護與寵愛。所以，嬌生慣養的孫慧從來不知道什麼是奮鬥、什麼是壓力。她在父母的安排下，一直在最好的學校讀書。但在學校裡，孫慧從來沒有好好學習過，天天都在混日子。轉眼間，孫慧大學畢業了，她的父母著急了：女兒該怎麼去面對這個競爭激烈的社會呢？爲了不讓女兒吃苦，孫慧的父親索性讓她在自己的公司待著，還給了她一個副總經理的名號。

第一天上班，花枝招展的孫慧一邊吃著巧克力，一邊穿堂過室，讓總經理爲她介紹公司的概況。大家都知道她是董事長的女兒，以爲她只是來老爸的公司看看，可是沒想到是來上班的，而且一來就當副總經理。孫慧上班後，幾乎不工作，整天待在自己的辦公室裡玩電腦，玩累了便蹺起二郎腿悠閒地煲電話粥。有時仍然覺得悶，她便會走出辦公室，在每個職員的旁邊逗留幾分鐘，看看他們都在做些什麼。末了，總會問一句：「有沒有什麼好玩的？介紹介紹吧！」剛開始時，職員們都覺得受寵若驚，因爲高高在上的「公主」主動向他們問話了，於是都向她推薦一些好玩的遊戲。可是後來，職員們漸漸覺得這是「公主」無聊的表現，便有了厭惡感，都不大理她。最讓職員們看不慣的，還不是她整天無所事事，而是她把職場當成家裡——好幾次，董事長出現時，大家都誠惶誠恐，只有孫慧嘻皮笑臉地大叫：「老爸，老爸，什麼時候可以放我長假啊？朋友們等著我出去玩呢！」對這樣的「公主」，大家暗生鄙夷，慢慢地，就都對孫慧愛理不理，甚至會公然拒絕她的要求。他們的心理是：「開除就開除，到哪裡都比和這樣的『公主』共事強。」

孫慧在工作時間無所事事，甚至目無職場，所以，定然會受到眾人的鄙視。我們應記住，辦公室是用來工作的，不是用來玩樂的。所以，如果不想好好工作，就不要在辦公室中逗留，免得擾亂工作秩序，惹人厭惡。

自身的價值需要通過工作來體現

對於那些富家女來說，家中有再多的金山銀山，也不是透過自己努力得來的。況且，當有一天父母老去時，自己也不能坐吃山空。從長遠角度來考慮，女人一定要有一技之長，方可從容活於世上。退一萬步講，即便富家女以後會嫁入豪門，一輩子不用操心生活，也難免讓人覺得一生有些虛度。一個人如果沒有自己鍾愛的、擅長的職業，是非常不幸的，女人同樣如此。實現一個女人價值的，不是化妝品、衣服，更不是看她嫁給什麼樣的老公，而是她是否有自己的事業。

有人說過這樣一段話：「我們的命運就如同一顆麥粒，有三種不同的道路。這顆麥粒可能被裝進麻袋，堆在貨架上，等著餵豬；也可能被磨成麵粉，做成麵包；還有可能被撒在土壤裡生長，直到長出金黃色的麥穗，結出成千上萬顆麥粒。」這段話在一定程度上道出了人命運的不同。但這段話是有失偏頗的，因爲麥粒無法選擇命運，而我們人則有選擇權。每個人都不想讓自己有「等著餵豬」或「做成麵包」的命運，所以，職場女性要重視實現自身的價值。

工作是實現人生價值的最好平臺，雖然從表面看起來，工作是爲了出賣體力和腦力獲得一定的報酬；但在工作的過程中，會學到很多，也明白很多，而且每一年都會有進步。所以，工作能在爲別人創造價值的同時，也實現自身的價值。

《聖經》中說：「工作是上天賦予我們的使命。」人生命三分之一的時間差不多都

在工作中，我們沒有理由不好好工作，否則就完成不好上天賦予的使命。更重要的是，一個人的人生是有限的，如果總是靠別人的蔭庇而混日子，他的人生將是無意義的，自身價值也將永遠是個胎死腹中的嬰兒。這樣的人是可悲的，枉來世上走一遭。所以，既然來到了職場，妳就需要好好工作，而不要再去依靠任何人了。

人最大的靠山是自己

辦公室裡的富家女之所以不愛工作，是因爲她們有著強大的靠山。沒有生活的壓力，自然也就沒有操勞的必要。的確，一個人活在世上，都需一個「靠」字，不是靠人，就是靠己。靠人可以節省很多體力和腦力，甚至可以坐吃現成；而靠己則要耗費非常多的體力和腦力，甚至累得半死不活。但靠人的享受只不過是暫時的，因爲沒有人能讓妳依靠一輩子；而靠自己則是痛苦並快樂著，但那種成就感是一輩子的。

沒聽說過嗎？「靠山山會倒，靠人人會老，靠自己最好。」是啊，如果哪一天妳的靠山突然倒了，那麼，妳該怎麼辦呢？不要說這種「如果」沒有可能，一切都是有可能的。而且，即使妳的靠山不會倒，他眞的就能不圖任何回報地讓妳依靠一輩子？

大陸作家余秋雨在《我等不到了》一書中，講了自己的家史。寫到祖母那一輩時，就講到了祖父由富有變衰敗的轉折，而過慣了錦衣玉食生活的祖母，面對突如其來的困難，竟然找不到解決的辦法。由於祖母不會工作，還要撫養幾個孩子長大，最後只好賣掉了自家的房產，還必須跟著原來的保姆去做工。

所以，在「靠人」的享受中感到無限幸福的女人們，應該認識到靠自己的必要性和重要性，努力工作，用心奮鬥，而不要沉醉在無所事事的安逸之中。

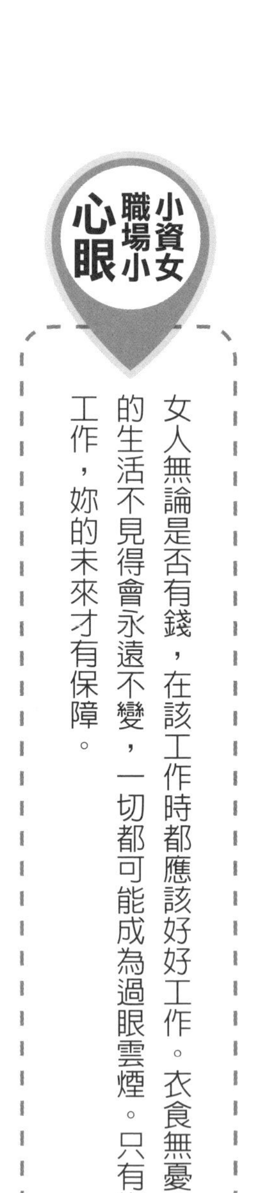

女人無論是否有錢，在該工作時都應該好好工作。衣食無憂、靠山強大的生活不見得會永遠不變，一切都可能成為過眼雲煙。只有靠自己好好工作，妳的未來才有保障。

第9忌
過於心軟 不懂「厚黑學」

女人的心很軟，很多時候，即使自己被傷害了，也還是選擇原諒，不忍心將對方置於死地。這種性格，使她們在職場中也總是狠不起來：每當別人請求幫忙時，心一軟便答應了；每當面對難得的機會時總是優柔寡斷，到最後被別人搶了去。可以說，在職場中，心軟是女人的一大軟肋。其實，女人也應該像男人一樣，要狠一點，以捍衛、維護自己的利益為出發點。

妳仁，他未必義

女人的心軟，在職場中就變成了劣勢。在職場中，當別人用一雙乞求的眼睛求妳幫忙時，妳是不是不假思索就答應了？當難得的深造、加薪或晉升等機會擺在面前時，妳是不是因左右爲難，而把機會拱手讓給了別人？如果妳的答案都是肯定的話，那麼，妳在職場便是一個心慈手軟的人。心慈手軟成全了別人的利益，可是，他們就會因此感激妳、對妳手下留情嗎？很明顯地，答案是否定的。

我們已經知道，職場就是一個利益角逐的場所，而不是一個講人情的地方。妳給了人家好處，人家未必就會手下留情，等妳再去拿回一個好處。當妳眞正需要幫助時，妳去人家那裡等著他給妳回報，他很可能會給妳吃一個閉門羹。

林珊就是個典型的好心腸的女人，在生活中對別人的請求總是很痛快地答應，而在工作中，這種個性卻讓她吃了虧。

林珊在一家文化公司工作，溫文爾雅、心地善良的她，每當同事有困難向她求助時，她都會盡心盡力地幫忙；哪怕自己無法做到，也會想各種辦法盡量滿足同事。

一次，同事楊景突然向她借錢，說是她媽媽突然生病了，需要住院治療，費用要好幾萬，可是楊景只存了六萬多塊。當時，林珊的手頭也比較拮据：老公已經失業兩個月，兒子剛剛上幼稚園，每個月還得拿出錢來孝順父母和公婆。但一想到楊景的媽媽生病了，林珊便答應借給楊景三萬塊。

林珊聯繫了她一些朋友、同事，說自己遇到棘手的事，急需用錢，希望他們能幫點忙。好不容易湊了三萬塊，立刻交給了楊景，說：「妳媽媽等著用錢，趕快拿去吧！」

後來有一天，林珊突然接到兒子學校的電話，說她的兒子發燒了，要她馬上過去。可是林珊當時正在上班，而且手中處理的任務還比較緊急。她問楊景能不能幫她把任務趕完，而且工資還算她的。可楊景一口拒絕了：「我也要工作啊！完成不了會扣工資的。」「哦，這樣啊，要不妳到時扣的工資我回頭補給妳吧！我的任務確實比較急，花不了多長時間，一、兩個小時就可以了。」可是，楊景最終還是拒絕了。

林珊沒想到楊景會這樣對她，感覺非常受傷。沒辦法，林珊只好把任務交給上司來處理了。

林珊的善良，反而讓自己受到了傷害。在職場中，有很多女性容易犯這樣的錯誤。她們把同事當作自己人，不惜傾囊相助，但得到的「回報」卻是意想不到的。因此，職場女性一定要多個心眼，不要覺得同事就不會給自己「下狠手」。

職場中的善良不是優點

善良、柔弱是女人的特點，但在職場中就成了「軟肋」，是影響女人職業發展的大敵之一。要知道，善良是好事，但並非在任何場合都是優點。在面對不同的人時，就要採取不同的策略。妳在職場中對別人善良，不保證別人就不會對妳耍狠。

如果妳在別人請求幫忙時總是欣然答應，那麼，別人很可能會記住妳的善良，從此，妳便成了一個辦公室「慈善家」，任別人來享受妳的樂善好施，直到「家底」被掏空。這是妳想要的結果嗎？

妳應該想清楚，妳進職場是爲了獲得利益，爲什麼要爲了幫助別人而犧牲個人的利益呢？所以，爲了自己不被別人榨乾，妳應該心腸狠一些，讓別人對妳有所畏懼，不敢輕易對妳開口提要求。

如果妳在機會面前總是讓給別人去抓住，那麼，別人很可能會記住妳的柔弱，以後每次有機會出現，他們便會恃強凌弱，不給妳爭取的機會。他們總是這樣，妳肯定很不甘心，可是這都是妳縱容的。如果當初妳不是主動把機會拱手讓人，而是執意爭取，並且爭取到了，他們還敢那麼囂張嗎？所以，女人在機會面前絕不能太柔弱，該爭取時就爭取。

女人得懂點「厚黑學」

何謂「厚黑」？厚黑即「厚顏黑心」，說白了就是臉皮要厚一些，心腸要黑一些。「厚黑學」之說，源於近現代思想家、教育家及革命家李宗吾先生所著的《厚黑學》一書。李宗吾稱：「臉厚，是行爲方式；心黑，是行爲準則。」他又稱：「臉皮要厚如城牆，心要黑如煤炭，這樣才能成爲『英雄豪傑』。」是啊，爲什麼「寧可我負天下人，不可天下人負我」的曹操，能從無名小卒成爲一代梟雄？又爲什麼「力拔山河兮氣蓋世」的項羽，最後會斷送「江山、美人」的大好前程？「厚黑」，就是能解釋這一切的一門神奇的學問。

《厚黑學》一書最初是寫給男人看的，充滿了男性色彩。這也不能怪李宗吾先生搞性別歧視，因爲在那個年代，不論是戰場還是職場，都是男人的天下、男人的舞臺。到了現代社會，女人也在職場中撐起了「半邊天」，因而女人也應深諳「厚黑」這一學問，它會幫助女人馳騁職場、維護個人利益、獲取更多利益的一把利器。

所以，從現在起，試著拋開人情的包袱，該心狠時便心狠，感受「厚黑」帶來的不一樣的快樂和滿足。

小資女職場小心眼

女人在職場，如果一味堅持「心慈」和「手軟」，肯定會吃大虧。職場本來就不是一個講理、講溫情的地方，女人在這裡不要放太多的感情，思考問題要理智，處理事情要果決。

第10忌
「以公徇私」展開辦公室戀情

有人將辦公室中的男女比喻為「兔子」和「草」，一句「兔子不吃窩邊草」，準確地道出了辦公室男女在感情上應該持有的態度：避談辦公室戀情。那些熱衷於辦公室戀情的人，我們認為她是一隻盲目的「兔子」，吃了「窩邊草」，並沒有得到更多的好處，還有可能給自己帶來災難。這難道不可怕嗎？

辦公室是工作的地方，不適合容納曖昧的情感，更不適合設置愛情的密碼。深陷辦公室戀情迷局中的妳，是不是還在擔心會被老闆、同事發現？是不是還在為可能出現的流言蜚語而恐懼？在這種「水深火熱」的戀情中煎熬，妳是不是也會感覺到從來沒有過的疲累？既然如此，妳還在堅持什麼？

辦公室戀情多半得不到祝福

戀愛是件美好的事情，每個女人都希望自己的戀情得到所有人的祝福。但是，有一種也許門當戶對、兩情相悅的戀情，卻難以得到上司和同事的祝福，那就是辦公室戀情。

對於老闆來說，辦公室戀情會讓自己的事業受到影響，若掀起辦公室戀情狂潮，那對老闆的打擊是可想而知的。因此，很多公司都有一條成文或不成文的規定：禁止談辦公室戀情。而對於其他同事來說，在得知兩位同事「相愛」之後，有些人會給予眞心的祝福；有些人則會在心中嫉妒，或者不平：爲什麼我們在專心工作的時候，他們卻開始談情說愛了？辦公室戀情不是一個好的選擇，最好不要去碰。

然而，很多女人看不到這一點，還是勇敢地闖入了「禁區」。比如，很多剛畢業的小女生，帶著學生時代對愛情的憧憬步入職場，最先關注的不是公司的企業文化和人際關係，而是在公司內部挖掘男同事的小資料——尤其是那些看起來有交往可能的男同事，以期在他們中間找到自己的「潛力股」。

愛情，是人人都會憧憬和嚮往的；愛情，也正因爲有小別才會有相聚時的甜蜜。如果妳在辦公室展開一段戀情，妳和他每天一起上班一起下班，上班的時候，濃情蜜意；下班之後，回到家裡蜜意濃情。這種完全沒有距離的愛情，遲早會讓妳或他厭煩。兩個人與其在厭煩之後分手，彼此連朋友都做不得，倒不如在最初的時候拒絕開始；與其在分手之後出現抬頭不見低頭見的尷尬，倒不如在最開始把不成熟的感情火苗即時掐滅。

辦公室戀情難以禁得住考驗

有句老話是這樣說的：「妻不如妾，妾不如妓，妓不如偷，偷不如偷不著的。」人們往往有這樣一種心理：得不到的就是最好的，越是得不到，就越渴望擁有。某些辦公室戀情的展開，也許正是被「偷偷摸摸」的樂趣所吸引而產生的。毫無疑問，這樣的愛情是經不起考驗的。

盛美與陳傑同屬一家廣告公司的創意部，只不過盛美是創意指導，陳傑只是一個普通的設計師。愛情是「一個巴掌拍不響」的事情，在日常工作的接觸中，盛美對這個長相一般卻有著出眾能力的下屬有了好感，陳傑也能從上司的眼睛裡看到一些閃亮的東西。於是，就這麼自然而然地，兩個人走到了一起。世界上沒有不透風的牆，盛美與陳傑你儂我儂、暗送秋波時，總會被一雙雙旁觀的眼睛察覺；好不容易有機會靠在一起，卻在有人闖入時不得不倉促分開。熱戀中的兩人既想時刻看到對方，又擔心流言蜚語會傳到老闆的耳朵裡；儘管有「偷偷摸摸」的激情，卻也有諸多無奈。

流言的力量是強大的，也是可怕的。沒多久，老闆在跟盛美的談話中暗示她：公司是嚴禁員工之間談戀愛的，更何況是上司與下屬。最後，陳傑選擇了離開公司，無非是知道盛美不可能對自己目前擁有的一切輕易放手，只有自己選擇「犧牲」，才能體現出愛情的偉大。

陳傑在公司的附近租了一間房，與盛美住在一起。本來以爲，沒有了公司規定的阻礙，他們就能夠無拘無束地在一起，直至愛情開花結果。但是，令盛美想不到的是，陳傑在兩個月之後提出了分手。原因很簡單，辦公室是他們滋生感情的土壤，現在離開了這片土壤，感情也就失去了原有的味道。

辦公室開始的戀情，結束時也會像開始時一樣輕易而簡單。既要逃避公司的規定，又要擔心同事的流言蜚語，還要擔心上司會因此對自己失望，這些擔心會時刻在兩個人的心頭翻湧。猶如身處「水深火熱」之中的妳們，要應付這些都來不及，哪還會有多餘的精力去認眞工作、經營愛情？到最後，受到上司的質疑、感情宣告終結，都是難免的結局。

隱戀、隱婚，痛苦知多少

公司裡的俊男靚女是很容易發生浪漫愛情的。但是愛情發生之後如何維持呢？不管是高階主管，還是員工，都難逃隱戀的尷尬與痛苦。而當一場戀情暴露時，員工的下場是勸退，高階主管則因此失去晉升的機會。隨著職場競爭的日趨激烈，越來越多的人處於生存需要或其他考慮，紛紛當起了「隱婚族」，即隱瞞自己已婚的事實。也許妳會認爲，在職場，一旦貼上「婚姻」的標籤，就會大大降低自己的競爭力，所以妳對「隱婚」遊戲樂此不疲。但是，據專家提醒，「隱婚」是一種危險的遊戲，極易引發婚姻危機。

試想，妳在公司「隱婚」，引起了公司某男士的注意。當他對妳展開追求攻勢之後，出於刺激也好，出於對自己「未婚」謊言的掩飾也好，妳很難抗拒這種追求帶來的快感。一段時間之後妳發現：原來他跟妳一樣，也是一個「隱婚族」。而此時你們之間已經不可抗拒地產生了感情，妳既對他的隱瞞感到氣憤，又對自己的婚姻產生一種負罪感。夾雜在社會倫理道德和對婚姻負疚中的妳，要怎樣才能讓自己從容地面對他、面對家庭？

所以，爲了避免陷入婚姻危機中，就不要對「隱婚」這種遊戲產生興趣。男婚女嫁是再正常不過的事情，有什麼好隱瞞的呢？其實，有些公司反倒是更看重那些已婚人士，因爲他們具有對家庭的責任感，也能夠有對工作、對公司的責任感。「隱婚」不是一種常態，如果妳處理得不好，會對人對己都產生不利影響。

某公司曾經做過一項調查：近三分之一的人認爲工作場所是個談情的好地方，約百分之四十%的成年男女約會過。但從可能導致的後果方面的調查卻顯示：大部分人警告職場女性，不要和自己的老闆約會，或者答應同事的約會請求。更有超過一半的人坦言，和同事約會就是在「玩火」。

既然如此，在職場與情場中，妳是要飯碗還是要愛情？職場與情場，根本是兩個概念、兩種寫法——職場是「公」，情場是「私」。我們都知道，公私要分明。妳的目光更應該放到職場之中，不要讓愛情密碼在辦公室成爲一堆「亂碼」。

辦公室可以產生愛情，卻很難讓愛情繼續，甚至走向婚姻。所以，身處職場的妳要擦亮眼睛，不要愛上自己的上司，明知人家有妻有子，還陷入註定沒有結果的感情中，除了傷害感情，還會影響前途，不值得；普通同事也別愛，這種「地下黨」似的速食戀愛，最終難逃勞燕分飛的結局，浪費了時間，感情也依舊沒有著落，不值得。

辦公室裡不相信愛情，不要盲目地去愛上任何人，妳所能做的就是首先愛自己，成全自己，再來成全自己的工作。如果非要在辦公室開始一段感情的話，就去愛妳的工作吧！

小資女職場小心眼

職場跟情場是兩個概念，聰明的妳不要將其混為一談。辦公室的地下戀情絕對會「見光死」，所以，在辦公室不要談感情，只談工作。如此，妳才不會陷入辦公室戀情中無法自拔，到頭來傷人更傷己。

第11忌 攀高枝 與男上司進行桃色交易

女職員與男上司的「桃色交易」已不是新鮮事。在職場中，老闆是成功、多金男人的典型，會被很多女人仰慕；而一個出色的職場女性，最可能遇到兩種情況：一是被老闆欣賞，一是被老闆所愛。如果是第一種情況，那麼無疑妳是幸運的，因為妳的工作能力得到了老闆的肯定，能夠讓妳在工作中更有價值和魅力；如果是第二種情況，那妳可要慎重對待了，因為被老闆所愛，是一件極有風險的事，一旦處理不好，失去的不僅是工作，還可能是在整個行業中的名聲。

所以，對於跟老闆的關係，妳一定要拿捏好尺度。不論何時，妳都要記得：妳不是「灰姑娘」，也不能成為被豢養的「金絲雀」。「灰姑娘」最終會等來午夜十二點的鐘聲敲響，「金絲雀」失去的將是遨遊長空的自由與樂趣。不要因為一時的貪戀，而給自己釀成一生的苦果。

天底下沒有那麼多小鳥變鳳凰的可能

有的女人認爲，能被老闆「看上」，是自己的運氣，是飛上枝頭變鳳凰的好機會，如果遇上了，就一定要牢牢把握住。妳是不是還在把希望寄託在別人身上，期望有一天能得到老闆的「鍾愛」，然後就能「飛黃騰達」？妳有沒有想過，即使是「灰姑娘」，也有希望落空的可能，也要被十二點的鐘聲驚醒。到時候，妳的結果只能是「竹籃打水一場空」。

米娜是個漂亮的女孩子，人也很優秀，求學時就被男同學競相追求。但米娜卻沒有對任何人動心，她認爲，只有成功、多金的男人才配得上自己。大學畢業之後，米娜應徵到一家公司做總經理秘書，她的上司正好是一個典型的「鑽石王老五」。

剛進公司時，米娜對一切都不熟悉，總經理對她十分關照，甚至經常親自指導她業務知識。慢慢地，總經理開始習慣性地跟米娜說：「妳既漂亮又能幹，前途一定不可限量。」剛剛踏入社會的米娜懵懵懂懂，只以爲自己好運來臨。再加上，總經理還時不時地約她吃宵夜、喝咖啡，還體貼地開車送她回家。漸漸地，米娜就沉浸在總經理的「溫情」中，她經常幻想，如果能跟總經理一直保持這種關係，甚至有更進一步的發展，那自己被調任行政主管或直接「升任」總經理太太，也是很有可能的。

可是有一天，總經理突然跳槽至另一家公司，走得無聲無息。抱有一絲希望的米娜打電話給他，本想問問他以前的承諾還算不算數，沒想到，他卻一反常態地說：「妳還年輕，以後的路還很長，希望妳能有一個很好的發展。」米娜在掛掉電話之後，還在嘀咕：「我的『希望』中有你的大部分成分，現在你拍拍屁股走人了，我的『希望』還在哪裡啊？」米娜感覺自己的前途和感情一瞬間都消失不見了，那種失落感和挫敗感眞是難以形容。

作爲一個平凡的女孩，「灰姑娘」的夢難免出現在青少年時期，這是可以理解的。但奉勸各位步入職場的女性朋友，如果妳也像米娜一樣沉浸在「灰姑娘」的夢裡，那麼，妳眞的該醒醒了。與其將妳的職業發展寄希望於「王子」，還不如學會自立、自強，依靠實力去打造自己的天空。況且，即便妳幸運地穿上了「水晶鞋」，「一步三晃」的走路姿勢也必定會引來異樣的眼光，「靠關係」的議論也會讓妳如芒刺在背。如此辛苦又難堪的路，妳還要走下去嗎？

不要做人神共憤的「金絲雀」

得到老闆的「愛」，並非如想像中那樣幸運。也許在最初，妳嚐到的是被成熟男人呵護的溫柔、被金錢包圍的虛榮。而時間一久，老闆的愛多半會逐漸消失，妳存在的價值也就基本爲零了。更可怕的下場是，有些老闆會找藉口將妳逐出公司，以免「東窗事發」。

也有一種情況，是妳和老闆「交往」不久，祕密就被揭穿了。俗話說沒有不透風的牆，尤其是老闆和美女下屬之間的曖昧，更是十分引人注意。一旦與老闆的戀情暴露，那麼最少會有兩個不良後果：一是自己受到同事的鄙夷，甚至有人落井下石、看笑話；二是爲了「成全」老闆，自己捲舖蓋走人。無論是哪一種後果，都不值得冒險。更有甚者，一些有家室的老闆，也能讓女人爲他獻身，這種女人就實在太傻了。在職場，懵懵懂懂的女職員愛上已有妻室的男老闆，並不少見；少見的是男老闆肯爲其拋棄妻子——這種情況幾乎沒有，大多數的情況是他向妳承諾：車子、房子、錢，都可以給妳，唯一不能給的是名分，是光明正大地站在他身邊的機會。他能給妳的只是類似鏡花水月的虛幻的感情。

如果妳爲了這虛幻的愛情，辭掉了原本就薪水不高的工作，戴上了昂貴的珠寶首飾，住進了豪華的大房子，開起了限量版的跑車……讓自己成爲一隻「金絲雀」，住在純金打造的籠子裡，享受著不用奮鬥就能得到的物質生活，然而卻只能等待著——等待他的匆匆一瞥，等待他的偶爾到來，那麼，妳在享受別人羨慕眼光的同時，也會去羨慕著別人——羨慕他們的自由與快樂。

女人都是感性的動物，在這種一塌糊塗的感情面前，妳所有的學識和理智都變得蒼白無力。可是，妳在享受舒適的物質生活時，有沒有想過：或許他能夠跟妳一起享受羅曼蒂克，卻未必能爲妳擔當一切。如果有一天他厭倦了妳，妳的「金絲雀」生涯肯定會結束，隨之而來的是背上「狐狸精」的罵名；他能給妳的善後無非是勸妳另謀高就，妳除了收拾東西走人別無選擇。妳除了能夠帶走那些冰冷的首飾，未來空空如也。

所以，如果妳沒有很好的駕馭感情的能力，就不要輕易栽進老闆的溫柔陷阱裡，因爲妳將爲之付出的遠遠超過妳的想像：感情、事業、前途，甚至名聲。愛上妳的工作，但不要愛上妳的老闆，即使妳工作得很辛苦，那也是妳的傍身之技。「金絲雀」的生活即使充滿誘惑，一旦籠子倒塌，將無路可退，只有被毀滅；「小麻雀」的生活即使辛苦，卻能夠給妳眞正的滿足與快樂。

討得一時歡心，難得一世快樂

靜年輕漂亮，無論走到哪裡都是眾人矚目的焦點。圍繞在她身邊的男人很多，可是她從來不會給他們機會，因爲他們沒有公司，沒有房子，沒有車子，最關鍵的是沒有錢。終於有一天，靜戀愛了，對方是一個家族企業的總經理。靜如願住進了豪華別墅，開起了名牌跑車，手上的鑽戒閃閃發光——卻沒有戴在女人最期待的手指上，因爲那個男人有妻有子。

所有的朋友都勸說靜離開那個男人，可是靜單純地認爲這只是朋友對自己的嫉妒，她固執地相信那個男人會離婚娶她。直到有一天，門鈴響了，打開門不是期待的那個人，而是他的老婆。那是個十分強勢的女人，她進來之後，表現得跟所有抓住第三者的正室一樣：辱罵，打鬧。靜無話可說，因爲她早就知道會有這麼一天，她不在乎；她在乎的是那個口口聲聲說愛她、會給她未來的人。可是，她等來的卻是一張支票以及一句分手的話。

靜失望了，她也想過再重新出去找工作，但是她已經習慣了穿名牌、開跑車，也已經失去了工作的能力——確切地說，她已經不習慣自己動手去「掙」生活。而且，等她走出那座金絲牢籠，她才知道，他的老婆已經把自己宣揚得十分不堪，她要想在這個城市、在原來的行業繼續生存下去，幾乎是不可能的。於是，靜只有一個選擇——背井離鄉，從零開始。

類似這種不附帶責任的所謂感情，再華麗也會凝結成不能言說的「祕密」。一旦有一天，「祕密」被揭穿，妳將成爲那隻撲火的飛蛾，粉身碎骨。人的一生是漫長的，不能貪圖一時的享樂，放棄自己的工作，放棄自己的自尊，投入到註定沒有結果的感情中；到最後，妳只能一個人默默品嚐苦果，被傷得體無完膚之後，一無所有。

生活就是這樣，沒有「灰姑娘」的夢想；職場也是這樣，沒有童話傳說。千萬不要把老闆當作能夠「搭救」妳的「王子」，不要把所有的希望和感情都押在他的身上。唯有透過自己的努力與奮鬥，才能最終夢想成眞，才能成就屬於自己的職場天空。

還身處職場，不要天真地以為妳可以是「灰姑娘」，可以穿上水晶鞋一步登天；也不要把妳的未來都寄託在老闆身上。如果那樣做，那麼終有一天，妳會被傷害得體無完膚，並失去一切：事業、感情、名聲。

第12忌

不敢拒絕 把難題留給自己

在職場打拼的人，當然都希望有好的發展前途，而任何人的升職加薪都離不開上司的點頭同意。於是，為了得到上司的認可與賞識，太多的人把自己變成了「應聲蟲」—對於上司交派的工作和意見，她們只會點頭稱「是」或「好」，以為這樣就能跟上司保持絕對的一致，並得到賞識。也許會有這種可能，但是，聰明的上司更看重員工的創新與創意能力，一隻只會重複、附和的「應聲蟲」，往往只會得到上司的反感與疏遠。所以，妳應該向上司表現出自己的獨特性，勇於跟他技巧性地Say No，以自己的獨特見解來獲得上司的賞識。

隨聲附和千萬別成習慣

爲了和上司站在「同一立場」上，讓上司對自己有親近感，很多女人在上司面前總是一副很贊成的樣子，不管上司說什麼，都點頭說好。在職場，我們把那些只會點頭稱「是」、隨聲附和、人云亦云的人，稱作是「應聲蟲」。這些「應聲蟲」以爲跟上司保持絕對的一致性，就會得到上司的信任，卻不知，在越來越注重個性與創新的職場，「應聲蟲」不僅會讓上司失望，更會被同事暗笑，甚至對於個人發展與進步也沒有好處。「應聲蟲」混跡職場，眞的只是在「混」日子，升職加薪的路上也必定不會看見這些人的身影。而一旦形成習慣時，就演變成不管交給自己什麼任務，也不敢推託，只有點頭接下。一旦上司所交代的工作是自己無法勝任的，就相當於給自己帶來了無盡的困擾；又或者，在隨聲附和中犯下致命的錯誤。

尤佳是一家網路公司的程式人員，她在辦公室一向秉承的理念就是：少說少錯，不說不錯；順從就OK。於是，在平時的工作中，尤佳不但不怎麼愛說話，對於上司交派的工作，她也從來不會有不同意見，一直的工作態度就是：點頭稱「是」，接過來低頭就做。

一天，部門主管拿過來一份前幾天尤佳交上去的程式方案，對她說：「這份方案中間有幾處編得不是很理想，妳再重新改一下。」尤佳接過來說：「是。」然後就放下手頭的工作，開始修改這份編程方案。在接下來的一個月內，尤佳又接到好幾次要重新修改編程方案的指示。其實，尤佳心裡對於主管的這一舉動也感覺有些莫名其妙：這幾次的方案修改根本就沒有什麼必要，爲什麼總是重複這毫無意義的工作呢？儘管有疑慮，尤佳也從來沒有向主管提出過疑問，只是低頭重複著說「是」。

直到後來，主管找到尤佳說：「我即將調任到另一部門做經理了，本來我有意讓妳接替我升任主管的，可是妳的表現讓我大失所望。妳在工作中缺乏主動性，總是喜歡說『是』，也從來不表達自己的意見和想法。這幾次修改方案其實是對妳的考驗，我以爲妳會有所改變，可是妳再一次讓我失望了。」很快地，主管調任爲其他部門的經理，空降了一個人來擔任尤佳的部門主管。看著屬於自己的機會就這樣擦身而過，尤佳後悔不已。

在工作中，如果因爲上司的掣肘，讓妳無法發揮才能時，妳應該意識到，那是妳自己的問題；如果上司交代了超出妳能力的工作令妳無法完成時，那也是妳的問題。這是由於，妳只知道順從上司的命令或要求，而不敢表達自己的想法和意見導致的結果。

要知道，儘管上司希望下屬能夠跟自己保持一致，但他也不希望自己的下屬是沒有任何活力與自我意識的「應聲蟲」，因爲這樣不會有利於發展。所以，爲了能更出色地完成工作，爲了能獲得上司更多的注意與賞識，妳應該有勇於向上司說「不」的勇氣，勇於向上司提出自己的獨特見解；讓他看到妳有自己的想法，這樣他才會考慮給妳更多的利益。

勇於對老闆說「不」

身處職場，妳很難避免遇到這樣的尷尬：老闆經常會給妳安排額外的工作，如果妳接受，就有可能打亂本來的工作計畫；並且這些工作很有可能超出了妳的能力之外，妳並不能保證很好地完成。可是，假如妳不接受這些工作，妳就有可能會得罪老闆。

對於這些職場中的不可承受之重，大部分人會選擇勉強接受。然而，當妳把所有的重擔都扛在肩上時，就必然會對妳原有的工作產生影響；一旦妳原有的工作沒辦法按計畫完成，額外的工作也不能保證完成，那麼妳除了得到批評，還會得到什麼？爲了避免陷入這種尷尬的境地，妳就應該勇於說不，既讓老闆理解妳的難處，又不至於增加不必要的負擔。

茜進公司的時間不短了，很受老闆的器重，她以爲自己一定會前途光明。可是，隨著時間的推移，茜不但沒有得到期望中的升職加薪，反而是老闆交給她的任務越來越多。茜對這種超負荷的工作心生不滿，可是她想：看在升職的份上，再忍忍吧！也許很快就會輪到自己了。茜一如既往地接受老闆交代的額外工作，卻也一如既往地看著機會在身旁溜走。茜的困惑被同事看在眼裡，告訴她：「老闆如果升了妳的職，他到哪裡再去找一個像妳這麼任勞任怨的員工呢？」回到家，老公也跟她說：「如果我是妳的老闆，我也不會升妳的職，一個永遠不懂拒絕的人怎麼去管理別人呢？」

儘管茜也覺得同事和老公的話很有道理，可是一到實際工作中，面對老闆交代下來的工作，她還是不懂拒絕。終於有一次，老闆想再次給茜增加工作量時，她鼓足勇氣跟老闆說：「我手裡已經有三個專案了，再接受額外的工作的話，我擔心時間安排不過來。」看著老闆明顯暗沉的臉，茜又補了一句：「不過，要按期保有品質地完成工作，我需要幾個幫手。」茜知道，如果給自己增派助手，就等於是變相地升職；可是如果不答應自己這個條件，老闆也就不好再把額外的工作交給自己來做。雖然老闆當時只說「考慮考慮」，但是茜知道自己會打贏這場「仗」。果然，之後的幾天，老闆不但沒有給茜新增加額外的任務，還時不時地跑來關心茜的工作進展，並叮囑她在工作中有困難就要提出來，不要硬撐累壞了自己。

老闆不斷給妳增加工作量，不是不知道妳已經在做著很多工作，而是他們會認爲把工作交給一個不懂得拒絕的員工最省心。況且，是妳自己不懂得拒絕，心甘情願做額外的工作，所以即便老闆只給妳工作不給妳升職加薪，妳也不能有絲毫怨言，是妳自己接受的，不是嗎？

所以，如果妳想要更好地完成本職工作，不讓其他額外的工作分散精力，妳就應該學會微笑著拒絕。當然，不是說要妳冷冰冰地拒絕老闆的指令，那樣無疑是把自己推入「死胡同」；而是要妳巧妙地跟老闆說「No」，給他緩衝的時間。即使他不會立即如妳所願，也會在給妳額外任務時有所收斂，而且，妳還能展現妳的獨特個性，可謂一舉數得。

勇於說「不」的是人才

如果老闆說什麼妳就照做什麼，甚至是無法完成的工作也不敢拒絕，那麼妳在他心中的形象難免是「只會工作的機器」。對於這樣的人，老闆最多只會覺得她努力、認眞、聽話，但絕對不會認爲她有才幹。相反地，如果妳在和老闆溝通時，敢將自己的一些想法表達出來，那麼他至少會認爲妳對公司的事情確實進行了思考，不但認眞，還是有頭腦的。另外，如果妳的想法夠好，老闆必然會對妳刮目相看，也許之後每當有類似的事情，他都會聽取妳的意見，這樣久了，妳必然會成爲他離不開的臂膀，在公司的地位也就提升了上來。退一萬步說，即使妳的意見並不受到他的認可，也大可不必懊惱，更不用因此「堵塞言路」，再也不敢說出自己的見解。還是那句話，只要妳肯說，就代表妳是在思考的，而不是只會做事的機器。對於這樣的員工，老闆只會表示欣賞，不會怪妳說錯了話。

小資女職場小心眼

跟上司保持一致性絕對不是做「應聲蟲」。只會點頭稱「是」，反而會引起上司的反感和其他同事的恥笑。身處職場，要做獨立的自己，面對上司交派的超出自己能力範圍的工作，要勇於說「No」，不能盲目順從。

第13忌
沒有主見 遇事愛問怎麼辦

很多女性遇事不如男性有主見，不僅表現在日常生活中，在工作中也如此。如果遇到事情只懂得向別人求助，而不試著靠自己的能力去解決，時間久了，一方面，妳會對別人的幫助形成依賴，無益於自己的進步；另一方面，妳的習慣也會讓同事避而遠之。所以，在工作中，遇到麻煩時，不要自己還沒努力試著去解決，就習慣性地找別人幫忙。要保持冷靜的頭腦，自己想辦法去解決，實在解決不了再去尋求幫助。這樣，妳才會在原有的基礎上有所進步。

遇事先自己想解決辦法

任何工作都不會是一帆風順的，都會有預料不到的困難或挫折出現。當妳碰到困難時，妳還在手足無措，急得團團轉嗎？妳還在動輒向別人求助嗎？遇到解決不了的事情時，妳還在大發雷霆，讓眾人避而遠之嗎？妳還在讓一腔無名火最終燒到周圍同事嗎？

很多職場女性遇到麻煩、感覺到壓力時，就忘記了自身的實力。其實她們完全可以透過努力去解決問題，只是讓壓力弄亂了心緒。

勤勤是一家公司的主管，工作表現一直不錯，上司和同事也都很欣賞她。可是，最近她的表現卻有點讓人失望。原因在於，公司最新的晉升制度剛剛出爐，包括勤勤在內的三名主管都是升任經理的熱門人選。平時就小心謹慎的勤勤，在升職的機會面前變得更加小心翼翼，唯恐工作出現差錯，使自己跟這次機會擦肩而過。於是，上司交派的工作，她不再像往常一樣從容地完成，而是跟別人確認了再確認；在確定行之有效的工作方法之前，她會向別人問了又問。她整天在擔心自己有什麼地方做得不好，會讓上司和同事反感，所以變得誠惶誠恐、手足無措，而且脾氣也越來越不好，完全失去了幹練的形象。結果，勤勤的這種改變，也讓她「成功」地跟晉升的機會失之交臂了。

身處職場的妳，害怕不能出色完成工作影響業績，害怕得不到老闆的賞識影響晉升，害怕跟同事相處不好影響人際關係……這些都讓妳在無形中給自己施加壓力，使妳失去冷靜思考的能力，以致於在緊要關頭一味地依靠別人。

其實，遇到問題就去問，並不能提高自己的能力，反而會產生依賴性，學不會獨立思考。在遇到問題時，最好的方法是先回想一下，同事在遇到同類問題時是怎樣處理的；或者找出幾種可行的處理方法，比較哪一種更加理想，然後可以試著獨立去解決問題。即使最終的結果不那麼理想，也是得到了鍛鍊，只要多做幾次，就能慢慢找到竅門。

既然工作中的壓力不可避免，那就要在平時注意爲自己「減壓」，不論事情有多棘手，都要保持一份淡定的心態，這樣才能去尋找解決問題的辦法，也才能不用依靠別人就取得進步。

總問怎麼辦的人令同事反感

對於剛剛步入職場的女性來說，很多地方不明白、向老員工請教是很正常的。但有時，一些問題並不是必須要問的，完全可以靠自己思考著去解決。如果一味利用自己「新來」的優勢，不停地去打擾別人，那麼妳一定會發現，同事的表情會變得越來越不耐煩。這不能怪老員工，畢竟他們沒有教新員工的責任。而且，每個人都有自己的工作，總被打擾顯然會影響工作的進度。因此，新進職場，做爲「菜鳥」的妳，在遇到事情時，不要總是下意識地向老員工詢問方法，全然忘記自己或許也能獨立解決。並且，妳應該知道，老闆給員工升職加薪，最重要的一點就是：員工能經由自己的努力做出成績，給他帶來效益。如果妳只是一味地尋求別人的幫助，即使問題解決了，自己卻沒有什麼進步，老闆看到的也是別人的能力，不會是妳的。妳沒辦法讓老闆看到自己的能力，在升職加薪的時候，他會考慮妳嗎？

楊文慧從學校畢業之後，進入一家公司擔任行政部經理助理。她其實是個挺有實力的人，但因爲一直秉承「學習別人」的理念，以致在日常工作中養成了遇事就先問別人的習慣。經理讓她準備年會上要頒發給員工的獎品，她會先問一句：「買什麼合適？」公司舉辦新產品展覽會，經理要她負責佈置展臺，她問過經理後還要問別人：「展臺上放什麼比較好呢？」別人都對她這種習慣弄得煩不勝煩，她自己卻渾然不覺。

直到有一天，楊文慧負責的報表上出現了一個資料錯誤，被打了回來，她又是先問經理：「經理，我該怎麼辦？」經理冷冷地看了她一眼，說：「楊文慧，我用妳是來爲我解決問題的，不是讓妳來爲我製造問題的，OK？還有，這項工作一直是妳在跟進負責的，現在出了問題，難道不是妳來解決嗎？爲什麼妳會問我『怎麼辦』？從今以後，我需要聽到妳跟我匯報的是工作的完成情況，而不是妳再來問我『怎麼辦』！」

沒有人不想出色地解決工作中的難題，沒有人不想得到上司的賞識與信任，但這一切都是建立在做出成績的基礎上。即使是職場新人，也應該懂得，妳不是「爲什麼」小姐，公司裡的老員工和上司也不是「百科全書」。妳不厭其煩地詢問「爲什麼」、「怎麼辦」，不一定會得到妳想要的答案，反而會讓上司、同事覺得妳沒有能力，只懂得依靠別人。一旦妳給上司造成這種印象，妳的升職加薪就遙遙無期了。

總問為什麼，或許是妳壓力過大

工作壓力過大，可能讓妳變得過於敏感、誠惶誠恐，也可能讓妳失去冷靜思考的能力。既然壓力不可避免，妳就應該採取一些小方法來緩解壓力，給大腦一個思考的空間，這樣就不至於變成人見人「煩」的「爲什麼」小姐。

在辦公室，屬於妳的空間就那麼一點，不可能像在家裡一樣隨意放鬆身心。但是，辦公室也有一套適合的減壓隱形運動。現在簡單介紹幾種辦公室減壓小妙招，讓妳擺脫壓力的「魔咒」，做回灑脫、幹練的自己。

一、**放鬆眼睛**。辦公室一族經常長時間地對著電腦，眼睛承受的壓力不亞於大腦。坐在座位上，閉目轉動眼球，先順時針轉動六次，再逆時針轉動六次；然後睜開眼睛向窗外眺望二至三分鐘。

二、**放鬆肩頸部**。經常坐辦公室的人最容易得頸椎病，所以，頸部的放鬆是十分有必要的。坐在椅子上，緩慢地用力挺胸，使雙肩向後張開，恢復原狀後再反覆做十至十二次；然後是聳肩動作，左、右肩各做十二次。既不用耽誤手上的工作，還能緩解頸部壓力，起到預防頸椎病和肩周炎的作用。

三、**放鬆腿部**。職場女性習慣穿高跟鞋，腳部承受的壓力可想而知。坐在椅子上，抬起腳尖，同時用力收縮小腿及大腿肌肉；然後用力抬起腳跟，小腿及大腿的肌肉保持收縮十五秒，然後放鬆。如此反覆做五分鐘，可以有效改善腿部及腳部的血液循環。

以上是身體幾個主要部位的減壓方法。這幾種小方法既不會影響到工作，還能有效減少身體的壓力，達到放鬆身心的目的。工作中壓力太大，會使妳變得沒自信，讓妳焦躁不安。所以，不論是在辦公室，還是在家裡，都應該掌握這麼一套減壓小方法，緩解自己的緊張情緒。

工作中遇到麻煩或問題時，不要手足無措，更不要動輒向別人求助。試著自己想辦法解決，妳的能力才會不斷提升。掌握一套適合自己的減壓小妙招，能夠幫妳緩解工作壓力，使妳找回自信，更好地表現自己。

第14忌

抱怨不離口 給自己樹立「怨婦」形象

記得魯迅小說《祝福》中的祥林嫂嗎？祥林嫂的遭遇無疑是悲慘的，無論是從小說中的人物角度，還是從作者的角度，都給予了她無限的同情。然而，如果換個角度看，祥林嫂其實挺惹人煩的，因為她過於愛抱怨，看見誰都要拉住抱怨一番，這樣的人很難討人喜歡。可以說，祥林嫂既是可憐之人，又有可恨之處。她的可憐之所以變成可恨，就是因為太愛抱怨。

抱怨，是一種情緒的發洩，但卻解決不了任何問題。當妳像「祥林嫂」一樣不厭其煩地抱怨、發牢騷時，其他同事正在努力地工作；當妳因抱怨而失去對工作的熱情時，別人正以極大的熱情投入到工作中，還做出了成績。上司不是瞎子，也不是傻子，有升職與加薪的機會，給誰是明擺著的。所以，妳應該停止那些無意義的抱怨，努力地工作，去改變現狀。

抱怨無用，沉默是金

抱怨，是將心中的不滿說出來，看似一種正當的發洩方式，但是，除此之外，抱怨並沒有任何好處。首先，抱怨之後，事情依然沒有解決；其次，抱怨容易惹人反感；第三，抱怨讓自己變得更加煩躁、苦惱。然而，不論是新進職場的人，還是在職場摸爬滾打許久的人，都免不了會抱怨：工作越來越繁重，人際關係越來越複雜……隨著職場競爭的加劇，生存壓力的加大，使得每個人的抱怨有愈演愈烈的傾向。但是，抱怨有用嗎？會讓事情變得更好嗎？

芳芳的主修是環境藝術設計，因爲畢業設計作品優秀，被老師推薦到了一家景觀設計公司工作。剛進公司的芳芳，被分配的工作是輔助老員工一起完成前期投標方案設計。芳芳以爲自己恭敬地稱他一聲「老師」，就能夠得到「一家人」的待遇。可是，職場有這樣的潛規則：教會徒弟，餓死師傅。儘管聽著芳芳叫自己老師，那個老員工還是擔心芳芳後來居上，取代自己的位置，所以只讓芳芳負責一些邊緣事務，不讓她涉及過多核心工作。

看到「老師」對自己明顯的「壓榨」，芳芳覺得委屈。於是，她找到經理，希望能讓她獨立負責另外的案子，經理說會考慮，但沒有同意。經理的敷衍澆熄了芳芳的工作熱情，她開始對公司、上司、同事有諸多抱怨，抱怨上司不信任她的實力，抱怨老員工對她有敵意。芳芳覺得，既然自己努力也得不到想要的結果，那麼努力還有什麼意義呢？於是，芳芳開始對工作敷衍了事。到了實習期結束時，經理以經濟不景氣爲由，辭退了她。臨走，經理送給芳芳一句話：「過多抱怨不會讓事情變得更好，與其浪費時間抱怨別人，不如努力去改變自己。」

抱怨無濟於事，尤其是在明爭暗鬥、利益爲上的職場之中。職場中人，沒有不爲自己打小算盤的。並非妳抱怨了、不滿了，就會有人來幫妳解決問題；相反地，抱怨只能讓大家覺得妳看不透事情的本質、思想不成熟，並且對妳的絮叨產生反感，最終遠離妳。

如果妳在工作中習慣了抱怨，妳的情緒就會慢慢變得很糟糕，看什麼都不順眼，以致同事們覺得妳難相處，上司認爲妳難駕馭。如此下去，升職加薪的機會永遠不會輪到妳。況且，妳的抱怨能換來上司的信任嗎？妳的抱怨能夠換來同事間的友好關係嗎？答案是否定的。既然抱怨是徒勞無功的，妳的抱怨還有什麼意義？

沒人願意聽別人無休止的抱怨

祥林嫂遭遇悲慘，但她非但沒有得到同情，反而被人厭惡，主要就是因爲她的抱怨。沒有人願意當「垃圾桶」，總是裝別人的一腔苦水，職場中人也是如此。妳像「祥林嫂」一樣發牢騷、抱怨時，有沒有考慮過別人是否願意聽妳說？他們有義務成爲妳傾倒煩惱的「垃圾桶」嗎？每天的工作時間是固定的，每個人都有額定的工作任務，他們不會浪費時間，去聽妳抱怨來抱怨去；也沒有義務在妳抱怨時，掬一把「同情淚」。抱怨會成爲別人的困擾，引起別人的反感，畢竟，被人當作「垃圾桶」的滋味不好受。

劉佳是辦公室公認的「老好人」，誰有什麼不開心的事找她說，她就會幫忙找出解決辦法。於是，同事們遇到問題都喜歡對劉佳一吐爲快。可是，她最近卻遇到了一件很棘手的事情：隔壁座位的張小姐本來很有希望升職，卻在最後關頭被半路殺出來的「程咬金」奪走了職位，這成了張小姐的心病，每天不唸叨幾遍就覺得不舒服，而離她最近的劉佳就成了「最佳聽眾」。每天，在劉佳忙得焦頭爛額時，還要分神聽張小姐抱怨公司、抱怨搶她位置的人，沒完沒了。終於有一天，當張小姐又開始抱怨時，劉佳實在是忍無可忍，把手上的文件夾狠狠地摔在了桌子上，「夠了！如果妳眞的不甘心，麻煩妳去向經理提意見，跟我抱怨半點用都沒有！還有，麻煩對我『仁慈』一點，妳想說的這些，我實在沒時間也沒精力聽。」張小姐被劉佳突如其來的反應弄懵了，張口結舌半天，終於轉頭工作去了。過後，同辦公室的琳給劉佳發來了一封E-mail：「恭喜妳結束『垃圾桶』生涯！」劉佳只能苦笑不語。

怨天尤人不如奮力改善

職場是一個充滿競爭和壓力的地方，抱怨也像空氣一樣無處不在：抱怨公司苛刻的規章制度，

抱怨老闆的魔鬼管理，抱怨做不完的工作，抱怨受不盡的委屈……一旦有一個人起了頭，很容易就能找到「志同道合」的人。這個時候產生的「凝聚力」、「向心力」，會比其他時候更一致、更強烈。

也許妳會認爲，抱怨不過是不良情緒一時的發洩，該工作時還是會努力工作，怎麼會影響到升職加薪呢？或許，偶爾的抱怨確實能夠得到一些寬慰，使壓力得到緩解；但是，如果抱怨成爲一種習慣，就會使妳的思想搖擺不定，對於工作也會由積極應對變成敷衍了事。長此以往，妳還能說抱怨不會影響升職加薪嗎？

彤原本是一個工作盡心盡力的員工，即使公司有些不公平的事情發生，也從來沒有半句怨言。但就在三個月前，公司來了一個剛畢業的大學生依依。這個女孩最大的特點就是吃不了苦，剛來公司一週，就開始不停地抱怨這裡不好、那裡不好。慢慢地，大家都和依依疏遠了，但善良的彤不忍心也對依依表現出討厭的情緒，便每次都隨聲附和著，於是，依依就把彤當成了好朋友，每次有事情都和彤說。沒多久，辦公室的同事發現，原本不愛抱怨的彤似乎也被傳染了，每天一進辦公室就會先抱怨兩句，什麼路上堵車、辦公室太熱等等。她一抱怨，依依的話匣子也會打開，弄得辦公室一大早就沒有好氣氛。就這樣，抱怨成了彤和依依每天的話題，似乎哪裡都跟她們過不去。可想而知，她們的工作效率也每況愈下。沒多久，彤和依依同時被請出了公司。

從彤和依依的故事中，我們可以得知：妳也好，周邊的同事也好，如果只知抱怨而不懂得認眞工作，那麼不但工作能力不會得到提高，而且也不會得到被賞識、被認可的機會。更加可悲的是，只知抱怨而不努力工作的人，已經失去了跟別人競爭的資本，也只能被排在「出局者」的名單上。

抱怨的人不見得不善良，但往往會不受歡迎。抱怨，除了得到情緒上的發洩，不會有任何的作用，甚至還會間接斷送妳的前程。要知道，任何企業在對員工的要求上都是異曲同工的：能夠爲其創造利益，但卻不會無端抱怨。與其抱怨，不如面對現實，正視自己的工作。用努力工作去塡補抱怨的空間，才有可能得到妳想要的結果。

不論是什麼樣的公司，沒有人會因為喋喋不休地抱怨而獲得晉升和獎勵。如果妳對公司有不滿或牢騷，就做個選擇：要嘛離開，到公司之外宣洩情緒；要嘛留下，停止無端的抱怨。要記住：與其抱怨不休，不如改變自己。

第15忌
對什麼事情都好奇
包打聽

好奇心重是一件好事，世界上很多發明、發現都是由好奇開始的。每個人都有一定的好奇心，對於未知的事物都有打探的慾望。但如果這種好奇心放錯了場合，就可能引起大麻煩。

女人不僅對購物著迷，對未知事物的探索慾望也很強烈。他人的祕密往往能引發她們的興趣，並樂此不疲的打聽著，從鄰居到朋友再到老公，無人能夠倖免。職場女性雖然幹練、精明，但也不能擺脫這一天性。一嗅到祕密的「味道」，好奇心便一發不可收拾，想盡辦法的探尋。但這種好奇心很危險，有時很可能因此讓自己「粉身碎骨」。

對別人好奇，到頭來害的是自己

女人的好奇心往往比男人更重，而且喜歡「八卦」，尤其熱衷於「辦公室八卦」，似乎別人的隱私有致命的吸引力，不知不覺就要去打探。大陸有部風靡一時的電影《好奇害死貓》，就是講述男男女女因爲好奇而鬼迷心竅，最後引發的一系列恐怖故事。其實「好奇害死貓」本是英文中一句有名的諺語，傳說貓有九條命，本不易折損，而最後恰恰是死於自己的好奇心，可見好奇心有時是多麼的可怕。

琳琳由於畢業成績優秀，順利地進入了一家大公司。這種大公司多的是勾心鬥角，稍有不慎就會惹禍上身。幸好「菜鳥琳琳號」還算聰明，對於同事間的利益爭奪，她選擇靠邊站，也不去爭，一心做好本職工作。這樣低調總不至於被排擠吧？琳琳如是想。

可是最近琳琳發現，一起進公司的大學同學姍姍總是鬼鬼祟祟的，上班經常遲到，午餐時間不見蹤影，下班第一個走，週末更是消失得無影無蹤。琳琳就想：她是不是有什麼事情？也沒有男朋友，在這裡又無親無故的，上學時也沒見她這樣神出鬼沒，現在這些奇怪的行徑是在忙什麼呢？哪天問問她吧！

於是，有一天，她就問姍姍：「妳最近都忙什麼呢？我想找妳逛街都找不到人，是不是交男朋友了呀？」姍姍聽到這話，非但沒有露出受到關心的欣喜之意，反倒眼神閃爍，顧左右而言他。琳琳見狀，更加好奇了。終於有一天，琳琳忍不住偷偷跟蹤姍姍，這才發現，原來姍姍是在和公司的一個老員工談戀愛。

由於公司明令禁止辦公室戀情，違令者不僅要被辭退，還要繳上違約金，他們只好談起「地下情」。琳琳只是跟蹤也就罷了，還跑出來嚇唬他們。姍姍沒說什麼，承認兩人已經打算「隱婚」了；那個老員工卻沒有什麼好臉色，琳琳也沒當一回事，還想著，他正好是自己的部門主管，以後熟人好辦事。

誰知，這如意算盤還沒打多久，她就遭到了辭退，理由還很牽強。一直小心謹慎的琳琳不知道自己錯在哪裡，直到有一天，姍姍告誡她不要窺探他人的祕密，她才想到，原來想辭退她的不是別人，正是被她撞破祕密的那個部門主管。

所以說，好奇心不是可以隨便使用的。適當的時候有點好奇心，給自己探索未知事物的動力也

就罷了；可是要是用來窺探他人的祕密，那無異於是引火焚身。誰喜歡把軟肋放在別人手裡呢？精明的職場中人不會做這樣的傻事，還是趕快收起妳的好奇心吧！

別人的機密不是自己的麵包

很多女人熱衷於打探別人的隱私，將這種事做為枯燥工作的唯一樂趣，似乎沒它不行。其實，別人的隱私跟自己毫無關係，那些從來不打聽別人機密的人，反而活得更瀟灑、更簡單。相反地，那些知道最多的人，往往也是麻煩最多的人。

因此，女人要記住：別人的機密與自己無關，更不是生活的必需品。沒有它，生活不會受到任何影響，反而還會更加健康。職場不僅容納各式各樣的人，還會滋生千奇百怪的事。其中有很多發生在妳身邊，稍加打聽就可以知道。但切記，並不是每件事妳都應該知道，也許妳是不小心發現了公司運作的內部祕密，但萬一出了紕漏，偶然闖入的妳就成了「代罪羔羊」。

王豔在公司一直勤勤懇懇，凡事不求有功但求無過，公司的核心事物也輪不到她來處理。可是最近幫老闆收拾辦公桌時，她無意間發現了一份關於收購其他公司的文件，基於好奇心作祟，她就看了下去。

但恐怖的是，她還沒看完，老闆進來了。王豔頓時很尷尬，老闆也沒說什麼，笑了笑，說保守祕密就讓她出去了。本來王豔沒把它當大事，後來只隱約聽說公司最近內部運作出了問題。王豔想：和自己也沒多大關係，只要不裁員就好了。

直到有一天，她收到了辭退信和律師函，才知道那天自己犯了多大的錯誤。原來公司祕密地調查了她，懷疑是她把收購情報出賣給了別家公司才導致競標未成功。最要命的是，王豔和競爭公司的部門主管是大學同學。雖然最後的結果洗刷了王豔的冤屈，可是她的職場生涯已經被抹黑了，原來的公司進不去，其他的公司不要她，只好委屈自己進了一家小公司。

有時我們也會遇到類似王豔這樣的事情，比如無意間聽到別人的談話或者不小心看了不該看的東西。如果所聽或所看到的，是與別人的利害或公司的機密相關的，那就要採取一定的措施，規避掉潛在的危險。

這時要分情況處理：如果沒有別人知道，那麼最好絕口不提，將這件事忘掉，即使出現不良事件，也不會有人怪罪到妳頭上。但如果很不巧，被別人知道了，那麼就要在和對方單獨相處時，假裝無意地提一下這件事，並暗示對方，自己永遠不會說出去。

在職場中，知道別人的祕密或者公司的機密，是一件「不祥」的事。如果妳是一個聰明的女人，就應該牢記：職場中的事，不該知道的還是別知道，更不要去打聽，就算是知道了某些機密事也要裝作不知道。千萬不要做引火上身的傻事，誰知道那些有心之士會不會背地裡「陰」妳一把。

老闆的「祕密」，只能躲，不能問

「老闆」這個詞，不光有很大的威懾力，還有致命的吸引力。對於員工來說，最想知道的就是這些成功人士的世界。因此，很多對辦公室機密鍾情的人，往往更熱衷於打聽老闆的「私密事」。可是，妳有沒有想到：公司裡誰最大？當然是老闆。公司裡誰最不能惹？當然還是老闆。老闆就是給妳飯碗的人，惹他不高興可眞沒好果子吃。

不要以爲妳只要勤懇地做事、在業績上取得成績就可以了。妳還得機靈點，聽到什麼關於老闆的流言、看到了老闆的私密事，可不要當作閒聊的話題炫耀給同事聽。他們可不會認爲妳和老闆很親近，因此顧慮妳、巴結妳；有些人甚至會把他聽到的回饋給老闆，讓老闆知道妳是個長舌婦。遇上個善良的老闆也就訓斥妳一下；遇到個肚量小的，還不得給妳點顏色瞧瞧？那種被排擠的滋味可是不好受。

菲菲來公司已經三個月了，工作水準屬於中上等，上司也很賞識她。最近，大家都發現菲菲多了些變化。

剛進公司時，菲菲屬於默默無聞的女孩，每天只安心做好自己的事情，從來不打聽公司其他人的八卦。同事們在一起聊天，開某人的玩笑，她從來不參與。

令她意外的是，大家反而更喜歡和她說八卦，因爲在大家的印象裡，菲菲的沉默讓她看起來不像是那種會把祕密外洩的人。因此，菲菲不知不覺就積攢了一大堆八卦和祕密。

其實，菲菲的沉默只是表象。由於她剛來不久，擔心自己無法在公司安身立足，所以十分小心謹慎，不敢多說半個字。而實際上，菲菲上學時是個很八卦的女生，每天回宿舍後的第一件事，就是躺在床鋪上當「小廣播」，講述班上同學的私事給大家聽。

這次，菲菲一口氣憋了三個月，當然非常「難耐」。在她的工作水準一次次得到上司的肯定之後，菲菲放鬆了心情，開始尋求原有的樂趣。

一時間，辦公室八卦滿天飛，主要都是菲菲傳出來的。同事們對此極爲不滿，卻也怪不得她，畢竟是自己主動將事情透露給她的。

然而，有一天，菲菲不小心踩到了「地雷」。合作公司的吳小姐和老闆在辦公室「談事情」時，菲菲不小心闖了進去，卻發現吳小姐正坐在老闆的大腿上。菲菲嚇了一跳，趕緊道歉，然後溜了出來。事後，老闆觀察了一陣，發現菲菲並沒有透露自己的祕密，就放下心來。

然而，憋不住祕密的菲菲，看自己沒什麼「災難」，以爲日理萬機的老闆忘了這件小事，便忍不住將這個祕密告訴了同事莉莉。誰知道，菲菲忘記了自己曾經得罪過莉莉，莉莉很快就旁敲側擊地告訴老闆，自己從菲菲那裡知道了這件事。老闆爲此發怒了，菲菲也丟了自己的飯碗。

職場女性要學聰明些，老闆的桃色新聞，要裝作不知道，千萬不要成爲他這方面的心腹，萬一有個老闆娘發威，妳可就吃不了兜著走了。老闆的關係網，妳更是不要摻和其中，萬一有什麼利益糾葛，把妳當炮灰可就慘了。妳對老闆還是敬而遠之最合適，貌似親近又不觸及他的祕密，他不會把妳當終極心腹，覺得妳毫無威脅，這樣的關係不是很好嗎？

混跡職場，好奇心就像毒品一樣，一旦上癮帶來的只有傷害，所以，永遠不要去探究他人的祕密。不知道他的軟肋，才能維護自身的安全。尤其要注意的是，老闆的祕密是地雷區，妳只能躲避，千萬不要懷著試探心理踩上去。

第16忌 處處找藉口 推卸責任

在美國，卡托爾公司的新員工錄取通知單上印著這樣一句話：「最優秀的員工是像凱撒一樣拒絕任何藉口的英雄。」當一個人不願意做或不想做一件事的時候，他就會為自己找出無數的藉口。身處職場，推卸責任、轉嫁過失、拖延時間、自欺欺人等行為隨時隨地都在發生，而圍繞這些行為也會衍生出更多堂而皇之的藉口。比如，業績好時，恨不得自己包攬所有的功勞；業績不好時，卻把失誤推託在公司的管理制度或主管領導不力上。

雖然，我們不提倡逆來順受，成為職場的「冤大頭」，時時處處為別人背黑鍋；但也不提倡膽小懦弱，把該承擔的責任推卸到別人身上。況且，妳應該明白，沒有任何一種藉口可以站得住腳，一旦被推翻，妳將會為之付出更大的代價。

不敢承擔責任的人得不到老闆的賞識

很多老闆在和犯錯誤的員工交談時，經常聽到這樣的話：

「不是我故意遲到，我每天都是這個時間出門，是今天路上堵車了。」

「這些東西我以前沒有接觸過，所以做起來有點不習慣；請再給我幾天時間，我一定能很好地完成。」

「我本來可以完成的，實在是最近我家裡出了一點意外情況。」

……

通常，這種常找藉口的員工，在老闆心裡的位置只會降低。從老闆的角度來說，他需要的不是找藉口爲自己開脫的員工，而是將自身利益與公司利益捆在一起的員工。犯錯的時候，要勇於承擔，而不是一味找理由原諒自己。這樣的員工，得不到老闆的賞識，更不會被委以重任。

在面對老闆的苛責時，妳是不是還在爲自己尋找藉口？妳是不是還在把自己的責任推到別人身上呢？如果是，那妳應該立即停止這種行爲了。因爲這樣做，雖然可以暫時免受責難，但實際上，也把老闆的信任一併「推」了出去。

在工作中，難免因某些客觀因素造成失誤或錯誤，但即便如此，妳也不能把責任推得一乾二

淨。即使所有人都知道，是客觀因素造成了妳的失誤，妳也應該勇於承擔責任。因爲，職位的高低並不能說明一個人價值的大小，只有承擔的責任越大，價值也才越大。一個人只有具備勇於承擔責任的魄力，才會被上司、老闆委以重任。

在工作中勇於坦承錯誤、擔當責任，是一種可貴的品質，它所給妳的回報也會超出想像。在現代企業，管理者越來越看重那些勇於承擔責任的員工。任何事情都有其兩面性，勇於承擔責任也不例外。表面上看，妳把責任攬到身上，是愚蠢、幼稚的表現，還很有可能會受到批評與苛責；但從長遠來看，妳的承擔其實是一種成熟的表現。

勇於承擔責任是將自己變優秀的法寶

並不是所有的人初進職場就能被委以重任，都是經過長時間工作的磨練與考驗之後，才會得到重用。在這段考驗的時間內，不要以自己不被重用爲藉口，就不努力工作；相反地，妳更應該從自身找原因，把握時間努力提升自己。等眞正擁有了自己的價值與口碑，老闆、上司想不重用妳都難。

冰冰工作經驗不足，只能在一家公司裡做小助理。她總是對自己的工作叫苦連天，一有機會就向朋友大吐苦水：「我們主管從來就不關心我這樣的職員，每天只讓我泡咖啡、影印文件，一遇到重要的工作就沒有我的份。我的心情糟透了，與其被這樣忽視，還不如哪一天我拍拍屁股走人呢！」朋友告訴她：「既然妳已經決定離開，不如這樣做：妳首先瞭解一下公司的文化特點、核心技術，然後把公司的相關背景、組織結構都弄清楚，當然妳還可以趁著不忙的時候，把修理電腦或安裝軟體的本領也學會。等妳在這個免費培訓班裡把所有的東西都學會了，妳再離開也不遲。」

接受了朋友的建議之後，冰冰開始在公司悄悄地學習。一年之後，朋友跟她說：「現在妳已經學得差不多了吧？是時候辭職了。」可是冰冰卻告訴朋友：「其實早在半年前，主管就開始對我另眼相看了。現在不僅會交派我很重要的工作，還給我升職加薪了。」

朋友說：「我早就知道會這樣。以前的妳，明明沒有能力，卻從來不想多學習來提升自己，只想著向主管要求更多的東西。現在，妳因爲努力和學習，使自己變得出色，主管當然會對妳重新認識並重用妳了。」

不得老闆青睞，工作中出現失誤，太多的人總是會怨天尤人，而不是從自身找原因。只有那些勇於正視自己，勇於從自身找原因、承擔責任的人，才能在自省中發現不足，進而改變自己、提升自己，才能讓自己擺脫藉口，得到老闆、上司的青睞與重用。

相對於男人來說，女人的擔當性要稍差一些，這可以理解。但如果妳身處職場，還要一味找藉口、推卸責任，那就不太明智了。有些女人也許會說：「我其實並不想推卸責任，但我就是忍不住。每次老闆問起，我就不知不覺地找藉口。」面對老闆的責問時，員工肯定會存在不同程度的緊張，因此，藉口也就脫口而出了。藉口產生的原因雖然可以理解，但總找藉口的結果就不那麼樂觀了。總找藉口的員工，在公司的地位和前途是十分堪憂的。那麼，如何改變這種愛找藉口的習慣呢？以下幾點也許對妳有所幫助。

第一，職場女性要有清楚的認知：在職場中，任何藉口其實都是在推卸責任。在責任和藉口之間的選擇，體現的是一個人的工作態度及擔當能力。出現了問題，尤其是難以解決的問題時，可能會讓妳害怕、懊惱，但一定不能推卸責任。勇於承擔責任的人，才會讓老闆刮目相看。

第二，如果忍不住要找藉口時，就乾脆說「我不知道」或者「我不會」。相對於直接說「我不知道」，找藉口的做法更容易讓老闆火冒三丈。如果妳對一件事情實在搞不清楚，或在不知情的情況下犯了錯，那就趁早告訴老闆妳是「不知者」。要知道，任何藉口都是不負責任的，如果實在無法勝任或者不知情，那就直接表達出來，千萬不要以各種藉口推託。

第三，找藉口千萬不可形成習慣。找藉口是一種不好的行爲，一旦形成習慣，工作就會變得拖遝、沒有效率。有句話說得好，與其找藉口，不如找解決問題的方法。當妳遇到難題時，不妨試著去解決它。到頭來，妳會發現，原來找方法比找藉口要舒服得多。

第四，責任來臨時，視服從為美德，大大方方接受它。優秀的員工，一定有優秀的服從力，服從是行動的第一步。在一個團隊中，如果下屬不服從上級的命令，總是以各種藉口推託，那將會使整個團隊失去戰鬥力。相反地，如果每個員工都有超強的執行力，那麼整個團隊必然能夠勝人一籌。

藉口通常由謊言構成，沒有一種謊言能夠長久。也許在妳說謊時，妳的表情或動作已經洩露了祕密。當妳表現出不誠實的品質時，妳就無法與人長久相處。因為不誠實的人是很危險的，老闆既不會讓這樣的人接觸重大任務，也不會將其長久地留在公司。不找任何藉口，就是對說謊最好的預防。不論何時，善於找藉口、推託責任的人，其實是在束縛自己：尋找藉口，就是不願意承擔責任；不願意承擔責任，就是害怕失敗；害怕失敗，就永遠不會有成功的一天。善於推託責任的人，其實根本不能真正推卸掉責任，而是把責任更沉重地背在了身上，在升遷的路上走得更加吃力。

責任面前，懦夫會選擇視而不見，或者推到別人頭上；只有真正勇敢的人，才會擔起自己的責任，也才具有更大的價值。責任面前，要勇於尋找突破口而非藉口，妳才能更快進步。幫上司承擔責任，其實是為自己的發展買單。

第17忌
炫耀成績 一點榮譽就沾沾自喜

每個人都喜歡聽讚美，那代表別人對自己的認可。聽完讚美，職場女性在心裡偷偷樂一下就行了，千萬不可洋洋得意，更不能表現出一副比誰都厲害的樣子。要知道，職場中人才濟濟，有能力者大有人在。如果妳急於表現自己，鋒芒畢露，那麼，妳早晚會為自己幼稚的行為付出代價。在職場，沒有才能不能立足，但拼命炫耀才能的人，同樣難以立足。職場女性要適當掩飾自己，以免成為眾矢之的，不要有點成績就沾沾自喜。

即使再高興，也要保持低調

被人誇獎當然是件值得高興的事，但很多女人不懂得藏匿自己的心思，將高興全部表現在臉上，連走路都輕飄飄的，這就犯了職場大忌。職場並不是一個接受他人讚美的舞臺，而是一個暗鬥洶湧的名利場。職場中人都是承受著生計的巨大壓力、在這裡謀求一席之地的。妳做得好，證明了自己的工作能力，獲得了上司的賞識，那只是妳自己的喜事，對其他人來說，妳的成就與他們無關；如果硬要扯上關係，就是妳將別人比得平庸無奇。而職場女性之間的嫉妒心，會燃燒得比火焰還旺盛。因此，妳越是快樂，別人的心中就越有壓力。妳毫無顧忌地表露喜悅，就等於對妳的同事進行了打擊。人在挫折的壓迫下，往往能表現出非凡的戰鬥力，一旦妳的同事將妳視爲目標，那妳很快就會感受到前所未有的壓力，甚至是被超越的危險。

吳欣是一家大公司的人事主管，雖然職位不太高，但是她在這裡卻工作得很開心，其中一大原因是，她是這裡人緣最好的人。但是，半年前，吳欣還在爲自己的人際關係苦惱，甚至一度想要辭職。半年前，吳欣來到公司的人事部門，工作了三個月後，依然一個朋友也沒有，而且大家都有意無意地躲著她。這是什麼原因呢？原來，吳欣是個喜歡炫耀的「小孔雀」，一有點成績，就迫不及待地宣揚出來，神采飛揚地等著別人來讚美。她每天都吹噓她在工作方面的成績，哪怕是上司稍微誇獎了她兩句，也要樂顛顛地跑去告訴同事。

開始時，同事們還能假裝高興地稱讚一番；後來，稱讚變成了哼哼哈哈的應付；最後，大家給吳欣的只有沉默了。最要命的是，吳欣發現有些同事開始對自己表現出不滿，每當自己得到點榮譽時，他們就很不高興。為此，吳欣十分苦惱，忍不住回家向老公吐苦水。吳欣的老公一語道破了其中微妙：妳得意時，怎麼就沒想到那正是別人失意的時刻呢？如果想要別人喜歡自己，最好就是少說話多做事，有了榮譽千萬不可到處聲張。吳欣覺得老公的話很對，之後在公司便很少提起自己的事情。即使是和大家閒聊、被別人問起時，她也只是笑而不語。同時，吳欣也開始注意傾聽別人說話，學著站在別人的角度考慮問題，還會給出適當的建議。不久，吳欣的人際關係慢慢變好了。再後來，大家都喜歡和吳欣分享自己的事情，她的朋友也越來越多了。

吳欣的遭遇說明了一個道理：人總是對自己的事情更感興趣，更喜歡表現自我，而不是一味傾聽別人，做一個配角。卡內基說過：「專心聽別人講話的態度，是外面能給予別人最大的讚美。」而德國也有一句諺語：「最純粹的快樂，是我們從那些我們羨慕者的不幸中得到的那種惡意的快樂。」因此，我們對於自己的成就不要過於在意，更不能表現出沾沾自喜，要適當保持低調。

得到點榮譽就滿足，會給整個人減分

淡然是一種境界高遠的生活態度，不是每個人都能做到的，尤其是心思細膩、天生敏感的女人，要求做到「不以物喜、不以己悲」是件很難的事。但我們必須學會在某些場合讓自己有所約束，在職場中就是這樣。獲得榮譽時，要表現得恰到好處，稍微展露些興奮即可。如果一味洋洋自得，難免會讓人側目，不僅覺得妳胸無大志，還會讓自己成爲被疏遠、被孤立、被競爭的對象。

阿康是一個快樂的女孩子，開始工作後還是保持著樂觀的精神，因此很多同事喜歡和她在一起。此外，令大家感覺更舒服的是，阿康從來不炫耀自己，即使取得了成績，也總是淡淡一笑，並不當大事看。然而，後來發生的一件事，讓阿康的態度有了變化。阿康進入公司後表現一直不錯，上司看她成績出色，爲人也很謙虛，就將她提升爲所在小組的組長。小組組長其實並不是一個很高的職務，薪水沒有太大變化，職位也幾乎和普通員工持平，只不過多了一些傳達任務的職責。然而，阿康卻覺得自己比其他人高了一階，不可同日而語了。接到通知的那天，阿康就趾高氣昂地進了辦公室，並且整個上午都在交代辦公室的日常工作和規章制度，開始還有關係不錯的同事和她開玩笑，但她總是嚴肅地反駁。大家見她越說越認眞，只好默默聽了起來。

中午吃飯的時候，阿康照例和大家坐在一起，但是架勢卻明顯和往常不一樣了。言談之中，也讓人感覺她很自豪。雖然沒有明說，但每個人都聽得出來，她在極力將話題轉到自己「升職」一事上，並企圖聽到大家的讚美。大家勉強應付了幾句，阿康果然樂開了懷。從那之後，阿康臉上每天都寫著「小組長」三個字來上班，大家也越來越遠離她了。同事們還在背後悄悄說，阿康本來爲人那麼謙虛，讓所有人都覺得她品格很高，現在一看，她也就是個有點成績就翹尾巴的小市民。

雖然同事們能夠和妳在「太平歲月」和平共處，但不代表在困難來臨時能和妳並肩奮鬥，更不代表在榮譽面前能和妳坦然相對。當妳獲得榮譽時，很難要求同事能眞心地爲妳喜悅。非但如此，當妳顯示出一副非常得意的樣子時，他們還會在背後非議，進而使自己的內心平衡。因此，最好的應對辦法就是：即使獲得了再大的榮譽，被大家捧上了天，也要裝作不太在意的樣子。當妳眞的這樣做時，不但能減少同事心中的妒意，還會讓自己受到大家的尊重。淡泊名利，是職場生存術中至關重要的一項。淡然的人往往有著寬廣的眼界、博大的胸懷，他們不追求表面的虛浮，卻總能在關鍵時刻發揮出驚人的力量。即便沒有那麼多「關鍵時刻」，這種人格在別人看來也是高貴的。

一山還有一山高

取得點榮譽就沾沾自喜的女人，不但會被上司和同事討厭，還會很快成爲被追逐、被競爭的對象。要知道，一山還有一山高，如果別人卯足了勁追趕妳，那麼妳很可能就會落於人後。到那時，曾經得意的妳恐怕就要失意了。

津津是個努力、認眞的女孩，工作能力也値得肯定。但是她有個缺點，就是比較「清高」，覺得自己比任何人做得都好。有一次，津津的銷售業績拿到了部門第一名，老闆在公司大會上對津津進行了表揚，同事們都對津津投來了羨慕的眼光。但津津不但沒有絲毫的謙虛，還表現出一副「我的確很厲害」的神情，並且在後來的工作中，更不屑於與同級別的同事交談。慢慢地，津津發現同事和自己疏遠了，越來越少有人主動跟自己說話。而津津後來也拿過幾次第一名，但老闆卻再也沒有表揚過她。津津心裡正在不平，就又發現，幾個本來業績一直不如她的同事變得十分賣力，幾度超過了她。津津漸漸沒了往日的優越感，甚至覺得有些「抬不起頭」，每天一副灰頭土臉的樣子。

顯然，案例中的津津是個不會隱藏自己情緒的人，高興與否全寫在臉上。而有點成績就沾沾自喜、以爲別人全不如自己，一旦不順又垂頭喪氣、失去自信的表現，又顯示了津津不夠成熟、沉穩。這樣的人是難成大事的，既無法得到同事的尊重，也很難得到老闆的重用。因此，職場女性一定要汲取津津的教訓，不要有點榮譽就將尾巴翹得高高的，表現出一副很驕傲的樣子。也許妳一時的虛榮心可以被滿足，但卻會給自己惹來不必要的麻煩。

當受到表揚或者獲得榮譽時，要少說話，更不要自誇。如果實在壓抑不了興奮的情緒，就想想那些比自己級別更高、能力更強的人。千萬不要目中無人，否則妳將很快被大家疏遠並超越，而被超越後的下場也將十分難堪。

同事可能和妳成為共同努力的盟友，也可能是妳不可或缺的合作夥伴，但卻不可能是甘心烘托妳的人。一旦妳的光芒蓋過他，他就有可能反過來給妳「掣肘」。職場女人一定要明白這個道理，無論何時都要低調行事。

第18忌

鋒芒太過　壓蓋上司

有些女性認為，只要自己能力高，就能在職場中穩穩佔有一席之地。因此，她們在工作中極力表現自己，努力將最好的一面展現在上司和同事的面前。然而，想要成為職場達人並不容易，光靠高超的能力是不夠的，誰知道妳的鋒芒畢露會不會礙了他人的眼？如果和同事搶風頭，對方最多在背後搞鬼，妳挺挺也就過去了；可是要是妳一不小心比上司都出色了，妳的職場命運就堪憂了——上司怎麼會放任妳超越他呢？極可能會想盡辦法把妳打回原形：人前排擠，人後刁難……如果再有幾個壞心眼的同事見縫插針，妳就難以翻身了。所以，在職場中，還是保持低調點好。

上司是永遠的發光體

幾乎所有的女人都喜歡被別人眾星捧月的感覺，尤其在家裡時，希望家人能夠圍在自己身邊，由自己來控制別人的行動。這是典型的控制慾旺盛的表現。職場中的妳是一個「權力控」嗎？如果妳是，可要注意了，職場可不是妳家後花園。妳在家對老公發發威，一不高興罵孩子幾句，沒關係，他們是親人，都能包容妳；可是妳要是想在職場裡「撒野耍老大」，妳就挑錯地方了，同事憑什麼要買妳的帳啊？就算是妳有業績，也不可沾沾自喜，上面可還有「太上皇」呢！千萬不要無視妳的上司，妳搶他風頭，他就會毀妳飯碗。

有個成語叫做「功高蓋主」，無論在古代為官，還是現代在職場，這都是大忌。在古代，君主是至高無上的，擁有天下和萬民，做臣子的最忌諱名望或風頭蓋過君主。比如說韓信，他的功勞大過劉邦，說明他的能力也大過劉邦，那麼老百姓會更服從他而不是劉邦。當然，劉邦也是這樣認為的，他怕有一天韓信會取而代之，於是最後將韓信處死。現代職場中，「功高蓋主」雖然不會讓妳丟了性命，但丟掉飯碗卻是十分有可能的，至少，妳晉升的步伐不會因此而加快，反而會被妳的鋒芒扯後腿。

阿笛是個很有抱負的女孩，進了公司就千方百計地出風頭引起老闆的注意，甚至把自己的部門主管當作「人梯」，結果遭到主管的打壓，被調到一個冷僻的部門，再也沒有得到重用。最後，她只得辭職另謀他就。和她同時進公司的媛媛，也是一個有能力的女孩，由於負責一個專案時嶄露頭角，成爲高層關注的新進人才。她的主管感覺很有壓力，好幾次對她說：「妳眞能幹，不如我向管理層推薦妳負責部門的工作吧？我做妳的下屬。」每次上司這麼一說，她都極力地推辭，並保證一定會盡力跟她一起把部門的工作做好，還謙虛地告訴上司：自己的能力有限，無法獨當一面，需要上司的指導。這樣一來，雖然媛媛沒有得到舉薦，但和上司的關係變得非常融洽，上司對媛媛的戒心明顯小多了，什麼事情都找她參與決策。一年後，上司心甘情願地向管理層舉薦了媛媛，讓她得到了晉升。

渴望得到晉升本是人之常情，但如果爲了晉升而鋒芒畢露，搶了上司的風頭，就得不償失了。眞正的聰明人從來都是低調內斂的，他們懂得在上司面前示弱，與上司相處時也會把握好尺度，不會恃才傲物，甚至和上司搶風頭，這才是職場中的大智慧。

案例中，媛媛的做法顯然要比阿笛高明得多。即使眞的很有能力，若過分顯示自己，那最終的結果往往適得其反：不但得不到上司和同事的肯定，還會因此令人反感。因此，想要在職場中做出成績，不僅需要高超的工作能力，還需要一顆玲瓏剔透的心，其中最要注意的就是和上司的關係，他可是妳的「衣食父母」。所以，上司的心思妳必須要猜，但這種猜不是要妳摸透他之後就和他談天說地，來個職場遇知己。開玩笑，他的心思怎麼願意被妳猜到？那種感覺豈不是像在妳面前沒穿衣服一樣，那他還拿什麼命令妳？要妳這麼精明的下屬，豈不是搬起石頭砸自己的腳？他必然會找機會打壓妳。

做為一個聰明的下屬，最正確的對待上司方式是：讓他感覺貼心，但不和他交心。當他需要什麼檔案時，妳要整理好交給他；當他要出門談事情時，妳要準備好需要的資料；如果他不擅長文字書寫，那麼妳要做他的「槍手」……總之，妳要擦亮眼睛，在這些看似很小的細節上逐步收服上司的心，他才會在工作中對妳照顧有加。

認為自己比上司有能力是最愚蠢的

職場中，身居高位者並不都是靠能力和心計上位的，可能妳的上司就是一個咬著「金湯匙」出生的「靠爸族」。這種人本身沒什麼能力，偏偏要做出一副什麼都會、什麼都懂的樣子，令人看了就火冒三丈。假如妳因此鄙視他，有事沒事在背後嚼他的舌根，那可就是把自己往火坑裡推了。就算是個沒有業務能力的「草包」，只要是妳的上司，他就有制裁妳的權力。

所以，對於這類上司，妳要打起十二萬分的精神。他業務不行，妳就做他的得力助手。妳成了他的心腹，也是穩固他的地位，他感謝妳還來不及，怎麼會打壓妳？對於這樣的上司，千萬不要存著鄙視之心，他們對於瞧不起他們的人，下手往往是又黑又狠。

因此，混跡職場的女人，要在心中確立以下幾個堅定的原則：

首先，態度上一定要端正，要認清形勢。無論妳的上司多麼無能，他就是上司，妳就是下屬，妳不能改變而且必須面對。

第二，行動上要低調。職場女性千萬不能高調行事，尤其是在「靠爸族」手下做事。「靠爸族」上司通常無法忍受下屬高調，因爲他們本身需要保持高調來掩蓋自己較淺的能力。妳一旦表現得高調，就很容易把他們比下去。因此，低調永遠是最重要的原則。

第三，凡事按照規矩來，切勿往自己身上「攬功」，更不可讓上司下不了臺。有些人覺得「靠爸族」上司做不了什麼正確、高明的決定，有事時就乾脆越級彙報，期望自己這匹千里馬能夠被眞正掌權、做實事的伯樂發現。但後果最多也就是給妳加薪，級別升高，要把妳換到比原來上司還高的職位根本不可能。到時候，妳就只能「吃不了兜著走」了。

搶「勞」而不搶「功」

混跡職場的人都有這樣的體會：在同一個辦公室工作，做得不如別人好是很丟臉的事。同樣的，如果妳的成績超過了上司，那麼他豈不是會更覺得丟臉？所以，即使立了功，也絕對不能居功自傲，獨享榮譽，而是要恰到好處的把功勞讓給上司。

自古以來，做臣子的，最忌諱的就是自表其功，凡是這種人，十有八九都沒有好下場。喜好虛榮，愛聽奉承，往往是上位者的通病。「伴君如伴虎」，這是古人總結出來的至理名言，如今用在職場上也不爲過。所以，要學會明哲保身，把功勞讓給上司才是明智的選擇，是穩妥的自保。官場上如此，職場上也是如此。

阿美在一家廣告設計公司工作，專業能力很強，進來一年就爲公司獲得了一個創意大獎。可是她發現獲獎之後，上司明顯地不給她好臉色看，很多同事也不愛搭理她了。後來，一個關係不錯的同事告訴她：「是妳自己鋒芒太過了。獲獎作品署妳的名也就罷了，畢竟是妳出力最多；公司舉辦的慶功宴上，妳千不該萬不該，不該不提我們經理的功勞，弄得他像是把事情都交給下屬做了似的——雖然他一直是這樣做的，可是妳也不能道破啊！我們經理當時旁敲側擊的說他要努力了，不然早晚被下屬搶了飯碗。妳說他能不給妳點顏色瞧嗎？」阿美這才恍然大悟。

和上司相處，一定要尊重他的權威，不要恃才傲物，居功自傲，那樣會成爲上司的「眼中釘」。工作中取得了成績，機靈的人懂得將榮譽歸於上司，把鮮花送給上司，把眾人的目光引到上司身上。這樣做，不僅會讓上司把妳當成自己人，還能免遭同事的妒忌，豈不是一舉兩得？

功高蓋主無異於自掘墳墓。混跡職場，妳要懂得收斂光芒。能笑到最後的才是聰明人，不要逞一時之快。多做一些實事，給上司多留一些功勞，不久妳就會嚐到甜頭。

第19忌 做「出頭鳥」遇事喜歡衝在前面

有句話叫做「槍打出頭鳥」，說的是一些總愛出風頭的人，往往會給自己招來麻煩。在職場中，「出頭鳥」就更不少見了。因為職場的特殊性，決定了只有成績優異的人才能獲得提升，因此，有些職場女性愛在工作中表現出「我比別人都厲害」的架勢。這在初入職場的新人中普遍存在，在一些職場老人中也不少見。渴望脫穎而出是每個人的心願，也是可以理解的；但是，如果方法不正確，只一味希望「出頭」，那麼妳遲早會為此第一個吃到「槍子」。

槍最先打的是「出頭鳥」

將自己的才能展現給老闆和同事看，本不是一件壞事。但職場是個利益紛爭較多、人際關係複雜的場所，妳在展現自己的同時，不免將別人比了下去。這樣一來，妳會就成爲大家關注、追趕的目標，還會成爲辦公室的「代表性人物」，有比較難的工作時，大家就會將目光轉到妳身上。這樣一來，妳就會變成那個總幹難活、累活的人，豈不是太得不償失了？

還有一些人，出於對工作的不滿，喜歡有事沒事發牢騷，自以爲說出了大家的心聲。雖然可能因此獲得同事的讚賞，但在老闆面前恐怕就要吃不了兜著走了。因此，職場女性一定要牢記：既然已步入職場，就應該融入公司的文化中，不要妄圖改變公司的規定，不要總感覺自己有道理。在公司當異類絕對沒有好處，強出頭的椽子一定先爛。

在春節假期的前一天，一家公司的員工們收到了一封由公司經理發出的信，信中闡述了公司對於員工加班的一些說明，並表示，員工在節日期間的加班工資按照正常工資來支付。這封郵件讓所有的員工都憤憤不平：明明在法定假日加班，公司需要支付的加班費應高於平時的工資，這種薪酬支付方式實在太過分！接著，辦公室一片沸騰，大家紛紛抱怨。但是，所有人都只是在小聲嘀咕，沒人敢站出來大聲指控。這時，公司的主管林立做了一件讓所有人跌破眼鏡的事：她公開對郵件進行了回覆，表達了對公司剝奪員工權利的憤怒，同時擺出了一些其他公司的加班制度，通過鮮明的對比來表示抗議。此郵件一群發，立即成爲全公司上下談論的焦點。群情洶湧的反對意見令公司管理階層坐立不安，經理很快將林立嚴厲訓責一番。兩個月後，公司找了一個藉口就將林立開除了。

像林立這樣的「出頭鳥」在每家公司都存在。建議這些「出頭鳥」該說的說，不該說的別說。如果不滿情緒過於強烈，還不如趁早另尋出路。職場女性應汲取林立的教訓，提前給自己打預防針。一旦妳戳破公司的短處，管理者必然會殺一儆百，對「出頭鳥」痛下殺手。

所以說，要當職場「出頭鳥」，需要的不只是勇氣，更需要策略、計謀及時機，盲目當「出頭鳥」只會令自己敗走職場。

越有信心越要低調

有些職場女性的確很有能力，總能將工作做得十分完美，使她想不「風光」也難。這種人通常會對自己的「出頭」表現出兩種態度：一是仍將自己視爲普通員工看待，對於別人的讚美聽聽則已；二是聽到別人的誇獎就沾沾自喜，覺得自己受之無愧。結果往往是，越是低調的人越讓別人敬佩，那些動輒沾沾自喜的人很快成爲「出頭鳥」，什麼事情都會交給她來做。

生活中喜歡出風頭的人並不少見，職場中更是如此。有些人樂於聽到別人的稱讚，覺得只有這樣，自己的才能才會被肯定，一旦被誇幾句就飄飄然忘乎所以。妳可要注意了，千萬不要走進同事的蜜語圈套，被人當槍使啊！

牛曉雲工作不到一年，由於所在的是家規模不大的公司，所以各項管理制度都不是很完善。天性活潑的她和老員工聊天時，也一起宣洩過不滿，什麼加班太多、獎勵太少、職員素質偏低、各部門運作不協調了……還眞說出了自己的一番見解。老員工聽了，大呼她說得有理，公司就是需要她這樣有膽識、有能力的人，牛曉雲被誇得飄飄然。後來，同事們極力慫恿她向公司上層反映。剛開始，她也建議大家一起「聯名上書」，但同事們都說：這可是個大功勞，可以幫助公司快速發展，哪個老闆不願意自己公司迅速壯大呢？牛曉雲覺得有道理，出於對老員工的信任，也想透過此舉讓老闆對自己有一些印象，於是就寫了一份建議書交了上去。不過牛曉雲的建議並沒有給她帶來好處，老闆最討厭員工自作主張，牛曉雲正撞到槍口上。一個月後，她以「莫須有」的罪名被炒掉了。可是她建議的措施卻被施行了，眞是「前人栽樹，後人乘涼」。

實際上，很多公司都需要「出頭鳥」，但需要的是爲公司解決問題的「出頭鳥」。與公司作對，反對公司制度，給自己帶來的只會是麻煩。每個公司在管理體系上都有自己的特點，不可能做到盡善盡美。如果牛曉雲提建議的舉動是按程序走的，一級一級呈報到老闆面前，也許她就不會被炒掉了，事情也有可能得到解決。勞倫斯·J·彼得說過：「最大的危險是妳不知道自己所處的地位。」任何職場中人都有一個「位置」問題，如果是初入職場的女性，更應該對自己有個清醒的認識。急於表現自己、讓公司盡早看到自己才能的心情可以理解，但如果操之過急，就會給自己帶來困擾。如果妳過於突出，將其他同事比下去，那麼妳的路會越走越窄，行動也會越來越受到排斥。

這時，即使公司看到了妳的才幹，並有心培養妳，也會充分考慮到其他員工的感受。畢竟，即使妳再優秀，只爲妳一個人而失掉「民心」的做法還是不可取的。

另外，職場女性還需要注意的是：如果眞的想在一個公司立足，那麼只要做好分內的工作、正常表現就可以了，千萬不要爭一時的面子，反而給自己減分。同時，沒必要過於在意別人的評價，畢竟成功靠的不是一、兩句讚美，而是長期的累積。只有不斷積蓄實力，才能在競爭激烈的職場中處於不敗之地。

無論何時都要讓自己以低姿態呈現

在職場中，無論妳得到了別人的褒獎，還是發現了別人的錯誤，都要盡量放低姿態對待。當得到別人褒獎時，如果妳放低姿態，那麼大家會認爲妳是個謙虛、低調的好同事；在碰到別人的錯誤時，妳低調處理，當作沒事一樣，那麼大家會認爲妳有風度、有修養，有得饒人處且饒人的智慧。相反地，如果妳高調成性，發現一點別人的小錯誤就大呼小叫，那麼只要一、兩次，大家就會遠遠地避開妳，甚至不再想和妳有工作上的交流。

阿穎剛進入公司的時候，覺得一切都很新奇，不管遇見什麼事，都喜歡吵著表達出來。當然，遇到別人的好事時，喊出來大家都沒有意見；但有時遇到了別人不該犯的錯誤，阿穎也會喊：

「嘿，妳這裡做錯了，不是那樣，應該是這樣。」所以，阿穎的人際關係如何可想而知。又有一次，同事讓阿穎幫忙列印報表。阿穎覺得這是個學習的好機會，便抱著報表仔細研究起來。不料看著看著，發現其中一個重要資料算錯了，阿穎不由大喊道：「溫小姐，快過來，妳犯了個大錯！」溫小姐漲紅著臉走過來，一把奪過報表，白了阿穎一眼就走了。阿穎原以為自己幫別人發現錯誤，避免了更壞的結果發生，本應得到感謝，沒想到會是這樣的結果。從那之後，找阿穎幫忙的人更少了，甚至有些是阿穎分內的工作，同事們也寧願自己做。

職場中人無論碰到什麼事，都要記住一點：低調處理。新人更應如此。試想，如果妳是公司的老員工，卻被新來的人搶了風頭，或者遭到了新人的質疑，那無論臉上怎麼表現，心裡總會感覺下不了臺。尤其是在大家面前，會覺得更難堪，心裡不對那個新人反感才怪。因此，職場新人一定要將「不能挑老員工的錯處」當作一大原則。即使遇到必須提出質疑的情況，也要在私底下不經意地帶過，絕對不能嚷得人盡皆知，成為得罪人還不自知的菜鳥。

秉承低調做人的原則，在職場中明哲保身，凡事不要強出頭，以免成為公司的「異類」、上司的「眼中釘」。強出頭的人，即使一時沒有受到不良影響，但最終會體會到強出頭帶來的致命危害。

第20忌 「老好人」做不夠的「和事佬」

有些女人個性隨和，遇到什麼事情都能心平氣和地解決，從來不願跟人起爭執。在朋友之間發生衝突時，這類人也會充當和事佬的角色，在中間調和、說好話。生活中，我們的確需要這樣的人，且這類人一般也有較好的人際關係。但如果「和事女」將這種習慣帶到了職場，就不見得是一件好事了。同事吵架時，主動站出來進行調解；同事互相詆毀時，欣然為對方圓謊……這樣的女人看起來熱心腸，總是為大家著想，想維持一團和氣的局面—妳好，我好，大家好；但實質上，這類女人往往是不堅持原則、一味地和稀泥的和事佬，最終導致的結果是—妳不好，我不好，大家都不好。

八面玲瓏不能證明人緣好

有些職場女性將「多一事不如少一事」當作理念，認爲勸好是比較討人喜歡的事，於是在別人發生矛盾，或者一方向自己傾訴另一方的不是時，總是保持一種勸和的態度，勸雙方息事寧人。但她們不明白這樣一個道理：職場是一個追逐利益的場所，大家都想追求更多、更好的利益，當利益受到侵犯時，一方的怒火便會引發口角。所以，在職場中，吵架、詆毀的行爲都是必然的，是利益不均衡的結果。如果妳一味勸和，必然會侵犯至少一方的利益，最後妳只能得到「吃力不討好」的效果。

還有一些職場女性喜歡攬事上身，明明沒人請自己出面，卻主動摻和進去扮好人。這樣做往往更糟糕。當聽聞吵架事件後，妳火速奔到現場，擋在中間，進行和解，對一方說：「妳就少說點吧！大家都是同事。」對另一方說：「退一步海闊天空，同事一場，多難得的機會。」這樣做的出發點固然是好的，但是，如果妳不知道他們吵架的原因，只一味地勸和，誰會聽妳的？即使妳知道了事情原委又怎樣？若要理虧的同事先「投降」的話，妳便會得罪這位同事；妳安慰那位得理的同事，要他想開點，他也不見得領妳的情，可能還嫌妳多事。到頭來，妳有可能成了「照鏡子的豬八戒」——裡外都不是人。

袁媛是一位人盡皆知的「和事佬」。每當同事發生不愉快時，她總是在第一時間趕到現場，將手搭在同事的肩上，笑呵呵地說：「有什麼事非得要吵呢？大家有話好好說嘛！」剛開始時，大家都覺得袁媛眞是個大好人，有些爭執還眞因爲她這麼一勸便停息了。但後來，大家發現袁媛就是天生愛管閒事，熱心得有點太過頭了。

一次，同事阿曾因爲阿宋搶了他的客戶而和阿宋吵了起來。他們吵得正激烈時，袁媛介入了。她先是說阿宋：「哎，阿宋，別吵了，這是你的不對，人家的客戶你怎麼能說搶就搶呢？把客戶還給人家吧！阿曾找一個客戶也很不容易的……」阿宋一聽就火了，大聲對袁媛喊：「妳說什麼？臭婆娘，就知道管閒事！憑什麼要我給他，妳聽誰說那是他的客戶？難道妳和阿曾有一腿？給我滾！」袁媛見勢不妙，便對阿曾說：「阿曾，那客戶眞是你的嗎？要不然，你就讓給他吧！爲了一個客戶吵架値得嗎？」阿曾一聽也怒了：「什麼？要我讓給他？妳知道客戶多難找嗎？再說，那是我費了九牛二虎之力找來的大客戶，憑什麼讓給他？絕對不可能！」阿宋一聽到「讓」字，又火冒三丈：「妳敢再說一遍，什麼叫讓啊！客戶有自主選擇權，是他主動找我的。做人要有自知之明，不要沒有能力卻還逞強……」「逞強？狗屁！眞是賊喊捉賊……」兩人越吵越兇，袁媛夾在中間完全插不上話，只好走開了。後來，阿宋和阿曾在公司勢不兩立，而且兩人見了袁媛就都想罵。

袁媛眞是個「熱心狂」，那種吵架能去勸嗎？那是涉及當事人切身利益的事，哪一方都不可能讓步的。況且，與她又沒有什麼關係，她夾在中間攪和，只會讓雙方都更惱火，並且一致把氣撒到她身上，何苦呢？

事不關己，偶爾也要「高高掛起」

以前聽到「事不關己，高高掛起」的言論，未免覺得太過冷漠；但從現代社會看來，尤其是身處職場的人，還眞的應該具備這種素質。明哲保身也好、膽小怕事也罷，保持這種「冷漠」態度的人，雖然不會讓人太過喜歡，但至少不會惹禍上身。

在職場上，應該保持適度的「事不關己，己不關心」的態度，才不會引起誤會。如果妳總是對別人的事過於關心，很可能會讓人覺得妳別有用心。可是，職場人來人往，又不可能對他人的事毫不關心，否則會被認爲是鐵石心腸。所以，「事不關己，己不關心」是需要把握好場合和分寸的。應該做到待人和藹親切，善解人意，不搬弄是非，盡量息事寧人，但不能總是「和稀泥」。這些其實屬於人際關係中的中庸之道。

思思是個人見人愛的「職場寶貝」。她總是笑容滿面，對同事親切有加，爲人也比較大方，很少會去計較個人得失。同事們有困難請她幫忙時，她會在能力所及的情況下給予一定的幫助。但是，當同事們發生爭執時，她卻很少去摻和。在她看來，他們的事情跟她沒有關係，如果摻和了，反而會讓自己陷入兩難的境地。如果同事找她評理，她則會欣然介入，因爲這時事情跟她有關係了，如果她不管，就會得罪請她評理的同事。就這樣，懂得以中庸之道和同事相處的思思，得到了大家的喜愛。

案例中的思思是一個很聰明的女孩，她知道什麼事情該出手、什麼事情要適當躲開。聰明的女人就要學習思思這種智慧，在關鍵、適當的時候給予別人幫助，別人會特別地記住妳的好；在本來就一團糟的狀況下，遠遠離開，別人會佩服妳明智、懂理。

總扮演和事佬，難以交到真朋友

常在職場扮演「和事佬」的女生可能懷有這一種心理：我勸和是好心，大家應該會拿我當好朋友吧？事實上，「和事佬」確實不會輕易樹敵，但也並不如想像的那樣能交到很多好朋友。相反地，「和事佬」難以交到眞心的朋友。因爲在別人看來，妳對每個人都一樣，換句話說，在別人眼中妳多少有點虛僞，對誰都沒有付出眞心。試問，誰會對一個八面玲瓏的人付出眞心呢？只不過表面過得去罷了。因此，如果妳想在職場中能獲得眞正的朋友，就要收起「老好人」那一套，適當表現眞實的自己。要知道，在職場中，也是可以交到一輩子的朋友的。

青青第一天來公司時，由於人生地不熟，感覺很羞怯。中午吃飯時，一個叫珠珠的女孩熱情地來跟她打招呼，青青便逐漸和她熟識起來。對於青青來說，珠珠有一種親切感，於是在工作中有什麼事都會第一個找珠珠聊，而珠珠也總說一些中肯的話，勸青青不要太在意。起初，青青覺得珠珠雖然有些「和事佬」的感覺，但是說的也不無道理，確實自己應該在職場中放開心胸。但後來，青青發現，無論辦公室的哪個同事有了情緒，或者和別人起衝突，珠珠都會第一時間衝上前去勸和，而且說的話跟勸自己的幾乎無二。青青覺得有些傷心，便很少跟珠珠再說起自己的事情了。再後來，青青發現，其實每個人都和珠珠保持著不遠不近的關係，既不親密，也不冷淡，而珠珠有事需要幫忙時，罕見那些平時熱臉相迎的人伸出援手。

人不可能在每個人面前都很「好」，讓每個人都成爲自己的好朋友。如果貪多，只會落得一個好朋友都交不到的下場。

小資女職場小心眼

在職場中，選擇了一味當「和事佬」，便是選擇了最終成為「照鏡子的豬八戒」。為了明哲保身，女性在職場應持這樣的人際相處之道：和藹親切、善解人意；事不關己、己不關心。

第21忌
懶惰成性　工作能拖就拖

很多人從小就有做事拖拉的習慣，工作後，又將這習慣帶到了職場裡。然而，工作拖拉的後果卻要嚴重得多。在職場中，時間就是金錢，妳的薪水是以犧牲自由的時間為代價換來的。可是偏偏有這樣一類人，懶惰成性，凡事能拖就拖，拖到最後才去做。問她為什麼不盡快把事情做完，她還美其名曰：享受生活。這類人是不會被同事喜歡的。因為一個人的拖拉會影響整個團隊的工作進度，還會給同事們增加工作量，同事們自然不會喜歡。

「拖拉女」只能讓同事遠離

拖拉成性的人，不但得不到老闆的賞識，也會讓同事都避之唯恐不及。現在的企業都講究合作，工作若在某個地方卡住了，剩下的步驟就無法進行。如果一個人經常拖拉，那麼同事的工作必然受到影響，這個人也就必然無法得到同事的認可，更不用提喜歡了。同一個部門的工作量是一定的，如果一個人因爲拖拉做得很少，其他同事就要分擔本不屬於自己的工作，這種情況就更容易激發大家的不滿。所以說，步入職場的姐妹們，如果妳還像在家裡那樣衣來伸手、飯來張口，那麼必然是要餓死在職場中的。職場可不是妳家的後花園，妳想做什麼就做什麼。妳一做甩手掌櫃，馬上就會有人頂替妳的位置。就算妳的工作不忙，妳也不可以拖拖拉拉。妳的男朋友會主動幫妳工作，心疼懶惰的妳，但同事可就不會了。誰會願意無償完成多餘的工作？避之都還唯恐不及呢！

默默由於是家中獨女，從小就過著衣食無憂的生活。在大學時，生活又有男友照顧，這更加助長了默默的「公主病」。畢業後，她進入一家婚禮籌備公司。剛開始時工作不忙，倒挺符合她悠閒的個性，沒事情她就上網、聽音樂。就這樣，渾渾噩噩地過了三個月。到了四月，公司開始忙起來。默默平時懶慣了，一下子忙不過來，搞得焦頭爛額。幸好同事都很熱心，幫她度過難關。默默心裡開心地想：眞好，同事們都這麼好說話，以後有什麼事情找他們就可以了。於是，很多需要掌握的技巧她都不用心去學，依然悠閒的混日子，有什麼不懂的工作就推給同事去做。轉眼間，又到了九月，公司又忙了起來。默默有恃無恐，看著同事們忙碌也不著急，心想：等他們忙完了，我就把自己的工作給他們做。等到事情不能再拖時，默默去找同事幫忙。可是這次同事們像商量好似的，都以有事爲由推託了，默默一下子傻了眼。業務搞砸了，老闆一氣之下就把她給辭退。

默默就是一個名副其實的懶女生，拖拉、懶惰的個性最終讓她自食其果。其實，不是說不能偷懶。工作本就很單調，妳可以苦中作樂，偷個小懶，但前提是妳得把工作完成。妳的工作完成不了，最後要同事幫忙，一次、兩次還會有好心人幫著妳，次數多了，誰還管妳？畢竟同事不是慈善家，沒有義務給懶惰的妳代勞。

拖拉帶來的損失只能自己承擔

懶惰是人的天性，在面對不感興趣的事情時更是如此。日復一日重複相同的工作，很難提起人的興趣。因此，會演變成拖拉的情形並不是難以理解的事。尤其是對於工作已經比較熟悉之後，就會漸漸產生厭煩、怠慢的情緒。有一項調查顯示，幾乎大部分職業的工作者都存在不同程度的拖拉習慣，而其中又以文字工作者和設計工作者表現最爲明顯。可見，拖拉已經不是一件罕見的事。

但是，可以理解並不說明拖拉可以被接受。試想，在磨磨蹭蹭之間，妳失掉了多少寶貴的時間呢？如果將這些時間加起來，妳的工作量能夠翻幾倍呢？妳的口袋又因此鼓起了多少呢？妳升職的機會是不是更大了呢？妳掌握的技能是否更多了呢？答案當然是肯定的。因此，一定要珍惜大好的時光，不要在拖拖拉拉中讓生命流逝，在平庸的職位上迎來遲暮之年。從另一方面講，如果妳的工作是比較自由的，不受限制，多勞即多得，而妳又恰巧有拖拉的習慣，那麼後果將是不堪設想的。不只妳的時間白白流失，妳的錢包也是要遭受重大損失。

康南在大學學的專業是室內設計，畢業後，她到了一家裝潢公司做起了本業的工作。剛開始，康南還很喜歡自己所在的公司，覺得有發展的空間。但慢慢地，隨著工作壓力的加大，康南開始不樂意了，她不喜歡每天被逼著去工作。相反地，她更喜歡自由。半年後，康南自認爲能夠獨當一面，又聽朋友說設計工作兼職也可以做，還比較自由，康南就動了心。沒多久，她從公司辭職，回家做起了自由職業者。剛開始時，康南還能夠認眞坐在電腦前工作。但後來，由於沒有任何約束，康南慢慢變得懶散了，而且做事越來越拖拉。有時候，康南甚至會一覺睡到中午，起床吃完飯後，再磨蹭著做一些別的事，直到下午才會坐到電腦前。

而電腦上眾多的新聞、遊戲又在不停地吸引著康南的注意力。有時朋友找康南聊天，或者是打電話找她出去，她就馬上放下手頭的工作，先去陪朋友。就這樣，本來兩週能完成的工作，康南總要拖上一個月甚至更久。跟康南合作的公司漸漸失去了耐心，不再找康南做設計。就連以前做好的設計，公司也以「拖得太久、客戶不滿」爲藉口，拒絕支付康南報酬。這時，康南反思自己辭職後的這幾個月，才發現自己的拖拉病眞是太嚴重了。摸著癟癟的錢包，康南不禁後悔起來。

很多人身上都有康南的影子，雖然已經是進入職場工作的成年人，但總是克服不了惰性，一些自由職業者更是如此。拖拉往往會帶來很多不利影響，因此，職場女性一定要改掉拖拉的習慣，讓自己免受拖拉之苦。

改變拖拉習慣，從現在做起

如果妳說妳這樣懶惰地活了二十多年，改不過來了，那妳就錯了，沒有生活習慣是改變不了的。二十一天形成一個習慣，只要妳堅持，奇蹟也是有可能發生的。當清晨的第一縷陽光灑入房間，妳不要揉揉眼睛繼續昏睡；當鬧鈴響起，妳不要把它扔到一邊。立刻起床吧！伸伸懶腰，今天又是新的一天，妳又可以開始新的工作和生活。當妳完成工作後正準備回家，突然又有工作需要完成，不要抱怨、不要拖拉，認眞是妳成大事的態度。不妨加個班，讓明天輕鬆一些，打好提前量，會讓妳感覺壓力變小了。當分配任務時，不要挑肥揀瘦，把難題留給別人，與人爲善才能得到他人的支援，多做點事會學到更多東西。當妳對業務不熟悉，不要總想著明天去學，從現在開始努力，沒有那麼多時間給妳蹉跎……從現在開始改變，不再拖拉懶惰、不再依靠同事，那樣的妳才會更可愛，才能在職場中成就一番事業。下面有幾個克服拖拉的小技巧可以借鑑：

首先，不要一次給自己太多的工作量，否則十分容易因懼怕勞累而拖拉，開始時應該盡量一點一點地逐漸增加工作量。很多職場女性都有這樣的體驗：越是簡單的、容易完成的任務，就越有信心去做，往往不花什麼時間就完成了；而一些繁雜、龐大的工作，則總是讓我們皺眉頭，常常會想：我今天先做個計畫，明天再實施吧！如此一來，事情就被無限期地拖下去了。今天推到明天，明天推到後天，常常是堆積到最後，狠命地惡補才能完成。因此，要盡量將工作分散開來，不可積壓太多，最終導致拖延。其次，因爲想不到合理的解決辦法而產生的拖拉，也是很常見的。這時就建議妳走出去想辦法。每個人都有走入思路「死胡同」的時候，這時再花盡腦筋想也於事無補。不如就出去走走，理清一下思路，換個時間再來看問題，也許妳會豁然開朗。再次，給自己規定一個時間很重要，沒有時間限制，非常容易造成拖拉。要給自己設定時間，比如十分鐘、三十分鐘或妳覺得應該能完成工作的時間。要確保不能留太多的餘地，白白浪費不必要的時間。

最後，要記得在工作時消除所有干擾，對於容易受外界打擾的職場女性則更是如此。比如，選擇一個安靜的工作場所；如果使用的是電腦，則關掉容易分心的聊天工具；如果是自由職業者，就要在工作時確保不受電視機、音樂的影響……等等。

懶惰成性的人容易讓人厭煩，在職場中更是讓人避之唯恐不及。從現在開始勤快起來吧！不要讓自己在垂暮之年才後悔年輕時的不努力。其實，當妳真正開始做事時，會發現所有的事情都只是開頭難；一旦開始做了，就會形成慣性，能夠順暢地做下去。

第22忌

有功勞也不展現 吃力不討好

古人有句話叫做：「酒香不怕巷子深。」很多人奉為真理，用在職場中則表現得過於默默無聞，覺得只要自己有能力、肯努力，早晚會被老闆器重。但事實並非如此，「酒香不怕巷子深」的觀念畢竟已經過時了。職場女性要站在當今社會大環境下分析：在這個人人爭相出頭的社會，所有人都在急於將自己推銷出去，而絕非悶在深遠的巷子裡等待。因此，如果妳自認為是千里馬，就要主動一些，讓伯樂看到自己，並挖掘自己。

身處職場，很多女人以為埋頭苦幹、踏踏實實，就可以獲得老闆的賞識、拿到不菲的薪水。但苦幹良久，在加薪、晉升的名單中卻還是找不著她們的名字。原因很簡單，因為這些女人的工作沒有為老闆所知，而那些喜歡表現自己的員工就很容易獲得老闆的好感，進而順利加薪、晉升。所以，女人應該學會在老闆面前「秀」出自己的功勞。

妳的功勞應該讓老闆知道

很多職場女性都經歷過這樣殘酷的現實：在工作職位盡心盡職、任勞任怨，但公司每次加薪、晉升的機會來臨時，卻沒有妳的份。於是妳滿腹牢騷，大罵不公平，可是現實依然沒有改變。是啊，我們很多人都認為，每個員工的努力都會被老闆看到，只要自己盡心盡職、任勞任怨地工作，就一定能得到相對的回報。但是事實告訴我們，很多老闆都有「近視眼」，雖然妳一直在為公司擔當「拼命女郎」，老闆卻常常視若無睹。老闆的忽視固然有錯，可是也不能全怪對方，公司有好幾十人甚至幾百人，而老闆只有一雙眼睛，他怎能個個都兼顧得了呢？

雨芊進入公司的時間不短了。上班前，媽媽就叮囑她，除了做好自己的工作外，還要做一些能力所及的日常事務，把公司當作自己的家，這樣才能得到老闆的賞識。雨芊記住了媽媽的話，也照做了，但她一直以來都是在背著老闆的地方做，或者專挑老闆不在的時間做。她的理由是：在老闆面前做，邀功的嫌疑太大了，好像故意做來讓老闆看似的。就這樣，雨芊在公司待了一年多，老闆只覺得公司總是很整潔，卻始終不知道是誰做的。

其實雨芊的想法很沒有必要。我們做事，固然不只是為了在老闆面前邀功；但讓老闆看到，是為了避免做了事情又沒有「討」到好，等於白做。因此，即使老闆在眼前，也要自然地做自己該做、想做的事情。只要妳不是只在老闆面前做，想必沒有人會說閒言閒語。

大陸作家黃明堅曾說：「做完蛋糕要記得裱花。有很多做好的蛋糕，因爲看起來不夠漂亮，所以賣不出去。但是在上面塗滿奶油，裱上美麗的花朵，人們自然就會喜歡來買。」蛋糕因爲美麗的花朵而受到青睞，所以，聰明的女人也應該爲自己「裱花」，讓老闆知道妳的功勞。否則，就是再好吃的蛋糕，也是無人問津的。

別讓妳的默默無聞成就了他人

近年來出現了一個新詞，叫做：搶功小人，指那些經由不良手段將別人的功勞佔爲己有的人。據調查，當人們面對「職場被搶功」時，往往會採取以下幾種態度：幾乎四分之一的人會選擇不動聲色、默默忍受；有將近四分之一的人會直接找上級說明；有七分之一的人選擇以其人之道還治其人之身；還有少數人會選擇發動其他勢力一起反攻，或者乾脆直接離開。

上述解決方法都有一定的道理，但也並非完全正確。職場女性面對具體問題時，一定要理智、全面地進行思考。如果妳經過認眞考慮，覺得還有留下來的必要，那就要想辦法整治這些「搶功小人」了。畢竟，功勞不是總會有的，而那些不勞而獲的小人也是不值得原諒和包庇的。在職場中，同事之間的競爭非常激烈和殘酷，不是妳踩著別人往上爬，就是別人踩著妳往上走。所以，有人說，在職場中只有兩種人：一種是主角，另一種是跑龍套。主角踩著跑龍套發展，而跑龍套只能成爲主角的墊腳石。

在職場中，沒有哪個女人甘當跑龍套讓別人「發光」，但現實又讓我們不得不低頭，因爲主角只有少數。那麼，該如何不被埋沒在職場、不淪爲墊腳石而成爲主角呢？最重要的，就是要看緊、捍衛自己的功勞，不讓它被別人竊取、利用。

張然到一家時尚雜誌公司面試，被安排進企劃部工作。做爲新職員的張然工作非常認眞踏實，每天最早上班、最晚離開。張然擁有許多不錯的創意，她的企劃案總能得到小組長劉宇的讚賞。劉宇給了張然無微不至的關懷，如在張然忙得焦頭爛額時爲她端茶遞水，在張然加班時給她送便當、點心……這些讓張然非常感動。一來二去，張然便和劉宇成了無話不說的好朋友。但是，令張然想不到的是，劉宇根本不是想和她做好朋友，而是對她使用「友誼計」。一天，總經理要親自查看企劃部員工的企劃方案，而劉宇居然提前將張然精心構思的企劃案交給了總經理，並將作者的名字改爲自己。以致於張然將自己的企劃案交上去時，卻被總經理認爲是抄襲。張然頓時覺得五雷轟頂，劉宇怎麼會是這種人呢？這份企劃案構思極爲新穎，劉宇得到了總經理的表揚。而張然則因爲「抄襲」，令總經理對她怒目而視，考慮到她剛進公司，便警告她下不爲例。

面對這令人痛心的局面，張然決定挽回敗局。她打開電腦，將自己企劃那份方案的所有參考資料、企劃的過程以及自己的心得體會一一整理，然後透過E-mail發給了總經理。總經理仔細閱讀了她的郵件，才知道自己誤會了張然。第二天，總經理便炒掉了劉宇，還主動向張然認錯道歉。張然終於奪回了屬於自己的成果。此後，張然為公司設計出了更多新穎的方案，也越來越受公司的重用。

面對上司劉宇的「偷功勞」與「背叛」，張然沒有因為懼怕而忍氣吞聲，她做出了最正確的決定，就是將事實的眞相說出來。而結果顯示，張然的做法是正確的。如果張然選擇姑息，那麼不但自己的勞動成果全部付諸東流，還會讓「偷創意」、「出險招」的上司佔盡便宜。由此可見，如果職場女性遇到類似的問題，也要像張然一樣，勇於將事實公佈於眾。

學會這幾招，讓老闆看到妳的功勞

那麼，女人該如何包裝自己、展現自己，讓老闆知道自己的功勞呢？

一、**喜傳捷報，主動邀功**。如果妳在工作上有了出色的表現、非凡的業績，妳應該主動找到老闆，開門見山地說出妳的功勞。記住先說出妳的功勞，而不要先陳述妳做事的過程，因為老闆的時間都比較緊，不大可能耐心地聽妳陳述戰績的全部過程。但是，如果老闆有時間，而且很願意聽，那妳就可以將過程說一遍，但也要簡明扼要。

二、**在公司會議上積極發言**。公司會議是一個很好的展現自我的平臺。每當公司召開會議時，妳要盡量搜索出一些疑問和獨到的見解，然後在會議上大膽地說出來。這樣，妳的頻繁亮相，不僅讓所有同事知道了妳，也能令老闆關注妳，讓他覺得妳是個很特別、會思考的人。這樣，有了老闆的注意，妳在職場中的功勞就很容易被獲知了。但要注意的是，發言時要注意措辭和態度，不能太自我、太驕傲，以免讓同事和老闆覺得妳是個恃才而驕的人；也不能太偏激，以免讓同事和老闆覺得妳的心理不太健全。

三、**利用E-mail和老闆溝通**。E-mail是簡便、迅速而廉價的通訊方式，也是用來和老闆溝通不可多得的管道。當妳完成了某個項目，而且完成得還不錯時，妳便可以將成果以電子文檔的方式直接發給妳的老闆，讓他知道妳用心完成了項目。如果擔心老闆不會去閱讀妳的郵件，那麼就在發送的主題上「裱上一朵花」，寫上如「不可錯過的項目」、「不看別後悔」等吸引老闆目光的詞語。

在職場中馳騁，默默無聞是絕對行不通的。記住，「酒香也怕巷子深」。如果妳不把妳的功勞展現給老闆看，不讓老闆知道妳的能力，妳是很難被升職、加薪的。當妳的成果被別人利用時，應主動把完成工作的過程告知老闆，為自己討回公道。

第23忌 不懂分享 喜歡吃獨食

由於天性使然，女人喜歡在辦公室中準備一些零食；同時也是出於天性，女人往往較男人小氣。有些職場女性一毛不拔，總是緊緊攥住自己的錢包，從來不肯為同事買單。這類女人總以為摳門、吝嗇能保證自己攢更多的錢。殊不知，在職場要想混得好，會為別人花錢是必不可少的。如果總是捨不得自己的錢，就套不住妳的人脈，更套不住妳的「錢」程。

其實，有時候並不是要妳大放血，只要妳肯在享受食物或其他東西時，分給大家一些就夠了。這樣的妳，不僅裡外透著大氣、機靈，還會爭得好人緣。

吃獨食的人容易被大家孤立

工作一整天是件比較勞累的事情，因此很多女人都會在辦公室準備一些零食。有些女人很慷慨，每次吃東西時，都會分給辦公室的同事一起享用。但有些女人就不會這樣做，自己有滋有味地吃著，食物的香味引得大家也饑腸轆轆，但只能聞著味道嚥口水。

職場也是一個團隊，大家每天在一起工作，可以說是另一種意義上的「家庭」，時間久了難免會有感情。定期或不定期聚餐就成了每個公司都會做的事情。有些人想得很開：花點錢無所謂，只要能多和大家在一起交流感情、加深瞭解，畢竟多個熟人就多個機會、多個幫手，也是一件令人高興的事。有些人則不這麼想：我辛辛苦苦掙來的錢，爲什麼要花在請別人吃飯上呢？於是便成了每次都「白」吃、一毛不拔的鐵公雞。

上面兩種不同的人，多半有著截然不同的人際關係。一種人的身邊總是熱熱鬧鬧，有事也不乏人幫忙；另一種人則永遠冷冷清清，遇事恐怕自己都不好意思找別人。

職場就是一個小社會，有人脈才是王道。如果妳總是以自己的利益爲出發點，從來都不肯爲同事掏腰包，那麼，久而久之，同事便會覺得妳這個人太吝嗇，太不夠意思，會越來越疏遠妳，妳便容易被孤立。從此，一個人吃飯，一個人言語，一個人玩樂，一個人攻破工作難題，犯了錯沒有人爲妳辯解，生了病沒有人慰問妳，有什麼難處沒有人願意幫妳……妳在職場中變得越來越舉步維艱。妳可能因此而抱怨：「天妒紅顏啊！爲什麼大家都聯合起來孤立我呢？」到最後，筋疲力盡的妳只好選擇離開了。然而，離開也是開始，如果妳在新公司繼續妳的「吝嗇」，那麼，妳最終還是會面臨被孤立的狀態。每個公司都是一樣的，沒有人會願意和一個吝嗇的人共事。不要怪別人，只能怪自己過於吝嗇。

吳娜頻頻換工作，最近，她到了一家會計事務所工作。可是工作不到半年，吳娜又離開了。到底是怎麼回事呢？原來都是吳娜太小氣惹的禍。平時大家一起出去吃飯時，總是會有那麼幾個人把大家的帳給結了，一般都是今天這個人結，明天那個人結，這樣到頭來大家都不會虧多少錢，畢竟妳今天爲別人買單，明天會有別人爲妳買單。但是，吳娜卻從來沒有爲大家掏過一次錢包。剛開始時，她總是說只帶了夠自己吃飯的錢。後來，大家便知道吳娜是太吝嗇了，於是都不叫她一起出去，免得她只知道吃飯卻從不結帳。到頭來吳娜只好一個人吃飯了。但這還不算什麼，吳娜讓人無法忍受的吝嗇還在後頭呢！

夏日的一天，辦公室的空調突然壞了。炎熱難耐的吳娜便準備去附近的便利商店買冰淇淋降降溫，坐在她身邊的同事知道了，便要她順便幫忙買一個。這位同事一說，辦公室二十多位同事都紛紛說：「也幫我帶一個吧！」吳娜傻了，都帶得要多少錢啊？她只好向大家喊：「好吧，我就代勞去替大家買吧！不過，妳們要先給我錢。來來來，妳們都要吃什麼口味的？拿錢來！」她一說完，有幾個同事就掏出錢給她，而有幾個同事卻說：「妳隨便買什麼口味都行，我沒零錢，妳先替我墊著，哈。」吳娜很不情願地答應了，隨後便出去了。十幾分鐘後，吳娜提著一袋冰淇淋回來了，對那些要她先墊錢的同事說：「眞不好意思哦，我這個人腦袋不太好，每次出去都只拿自己需要花的錢。所以，很對不起喔，沒幫妳們買。」那幾個同事掃興極了，有的還在嘀咕：「怎麼會有這麼摳門的人呢？」

吳娜以「摳」行走於職場，所以越來越受到孤立和排擠，後來終於因此而離開了公司。

花點小錢，妳會收穫更多

雖說用錢買不到人心，但是，如果在可以或應該爲同事買單時卻沒有買單，則一定會失去人心。相反，如果妳經常給同事買單，便會拉近妳和同事的距離，因爲同事會認爲妳這個人比較大方，很願意和妳交往。所以，女人在職場中和同事打交道，就要捨得小錢，多爲同事買買單，讓同事知道妳的好。等妳有困難時，同事便會爲妳挺身而出；等有什麼好處時，同事便會想到妳。這屬於人情投資，等於用妳現在的「芝麻」去換將來的「西瓜」，這樣的女人才是目光遠大的聰明女人。

葛茲還不到而立之年，卻已是一家房地產公司的銷售總監。她之所以能身居要職，都是因爲目光遠大——她一進公司便開始經營自己的人脈。除了平時幫幫大家小忙外，她最善用的是「金錢」

這一有利的武器。平日和同事一起出去吃飯，她都踴躍掏錢；出去K歌，她總是最先跑到前檯去付錢；哪個同事突然感冒了，她會拿出早就備好的感冒藥；閒聊時，她拿出買好的零食和大家一起分享……因爲她的慷慨，同事們都很喜歡她，有什麼好處也總是會想到她：在老闆面前誇她、有重要的商機告訴她、在晉升投票時力挺她……等。有了大家的擁護，葛茲在職場上可謂順風順水，因此步步高升，從小職員升爲銷售總監。

葛茲是一位睿智的女性，她根本沒把那點小錢放在眼裡，因爲她看到的是小錢將來發揮的巨大作用——職場上升力。所以，職場中的女人都應該向葛茲學習，多花小錢，用來投將來的大錢。如果我們手頭比較緊，沒有多少錢，意思一下也是可以的。記住，無論如何，千萬不要捂緊自己的錢袋子，做十足的「嗇女郎」。

物無大小，分享最重要

有些女性看到上面的文字，會發出這樣的疑問：自己辦公室的那點零食，也不是什麼高級點心，怎麼好意思拿出來給大家呢？但如果每次爲了分享給他人就買很好的東西，誰又能支付得起呢？其實，這種想法本身就是錯誤的。基本上，如果同坐在一個辦公室裡，那麼大家的經濟水準就不會相差太多，妳能享用的東西，周圍的人都可以享用。況且，心意是不能用金錢來衡量的。試想，一個人每週都拿自己的小零食給忙碌工作中的同事，另一個人一年給大家拿一次昂貴的特產，哪個更容易讓大家覺得貼心、親近呢？

如果妳懂得分享，哪怕是很不值錢的物品，也能給妳帶來意想不到的收穫。因爲人即使再現實，也是抗拒不了感情的。俗話說「人心都是肉做的」，妳每次對別人的一份關心，都會記在對方的心裡。給他印象最深的，是妳的善良與慷慨，絕不會因爲妳給的東西「不值錢」而覺得妳小氣。雖然這是個物慾橫流的時代，但溫暖、眞情是每個人都不會排斥的東西。聰明的女人，就要充分發揮細心的特長，將辦公室的氣氛打造得和諧、融洽，那麼相信妳會成爲辦公室最後的贏家。

俗話說：「平時多燒香，急時有人幫。」聰明女人在職場中，應該捨得花一些小錢，別因為心疼小錢，而損失將來的大錢。女人，要把目光放得長遠些，捨得投資，將來妳得到的回報，將會是妳付出的無數倍。

第24忌

巧言善辯　不會裝糊塗

古人云：「大智若愚，大巧若拙。」這句話很有道理，告誡人們不可以鋒芒畢露，會適當裝傻的才是真正的聰明人。可是偏偏有些混跡職場的「聰明人」喜歡反其道而行。他們愛賣弄自己的伶俐，以為能在職場中呼風喚雨，最後卻弄得慘淡收場。其中原因，不言而喻。職場中的人都有「眼觀六路、耳聽八方」的能耐，妳這邊說句話、做件事，馬上就會得到他們的「系統分析」，妳賣弄自己的聰明又有什麼用呢？他們往往比妳還聰明，可是人家低調、會偽裝，自然就把沒事吵吵嚷嚷、好像什麼都懂、可是又不是懂很多的妳給PK掉了。所以，妳得學會裝糊塗，即使心中明白，表面上也不要流露出來。

太精明的女人不招人喜歡

有些女人喜歡犯「牙尖嘴利」的毛病，以此來顯示自己很聰明，什麼都能看出來；也有些女人，覺得自己能完美地將工作完成，是同事中的佼佼者，是最聰明的員工，因此「恃才傲物」。職場女性若總是毫無顧忌地顯露才華，早晚會被排擠的。職場中沒有眞正的蠢人，他們只是善於僞裝而已。當妳讓別人覺得危險時，妳的好日子也就到頭了。

莎莎剛剛畢業，進了一家大公司，前途一片光明。向來自信的她躊躇滿志地進入工作崗位，果然是一路走來所向披靡，案子在她的手中被洽談妥當、企劃書寫得妙筆生花……很快地，她就開始輕視部門裡的前輩了：進來公司都這麼久了，還讓一個毫無能力的部門主管佔著位置，眞是有夠笨的！我這麼努力的工作，取得這麼好的成績，公司一定會提拔我的。莎莎自此更加地盡心工作，事事搶在人前，還要騎到主管頭上。她看主管脾氣好，即使自己「功高蓋主」也毫無怨言，還帶頭誇獎她，心裡就越發有恃無恐，對待同事也傲慢起來。但誰知，她工作不到一年就被調到一個冷僻的部門，整日與「死」材料爲伍，才華再無用武之地。對此遭遇，她百思不得其解。後來，在同一部門工作的老同事好心告訴她：「妳眞是步了我的後塵啊！那個主管是個『笑面虎』，業務能力不強但城府深。他手下有些人能力很強，可是人家聰明，不到時候不會顯山露水，不像妳和我這麼張揚。我當年也和妳一樣不懂事，因爲業績好不把同事放眼裡，也不知道收斂，所以才會被打到這個

『冷宮』來的啊！」莎莎這才恍然大悟，原來大家都是「聰明人」，只有自己幼稚。她最後只好選擇辭職，黯然離開公司。

莎莎錯就錯在不該恃才傲物。職場中沒有蠢人，他們低調必然有自己的道理，人家是穩中求「升」。仔細觀察那些在職場中如魚得水的人，都是善於僞裝的，平靜的表面下卻暗藏玄機。所以，千萬不要自以爲是地看低他人。

即使妳的確是一個聰明、優秀的女孩子，也要適當隱藏起鋒芒，哪怕沒事裝裝單純、裝裝糊塗，也會讓人覺得比過於精明好。通常，過於精明的女孩子，往往讓人覺得不可愛，進而對她敬而遠之。

「鶴立雞群」不適用於職場

如果從一幅畫的角度來看，「鶴立雞群」是很美的，當然最美的地方就是那隻突出的仙鶴。很多女人喜歡當仙鶴，生活中如此，在職場中也如此。但殊不知，這正是職場女性的大忌諱。剛進入新工作環境的人，都想在公司裡取得一席之地，於是極盡所能地展現自己的才能，以表示自己不可被替代。這種想法本沒錯，可是想展現才能也是講方法的，不可以顯得太突出。妳在一群人中間顯得太「扎眼」是沒有好處的，老闆是注意到妳了，可是同事更注意到妳。那些看似一盤散沙的同事們一旦聯手整妳，妳可眞是吃不了兜著走啊！

菁菁剛剛跳槽到新公司，爲了站穩腳跟，她拼命的工作。同事們都下班了，她還繼續加班；同事週末休息，她還要加班；老闆讓員工一起完成的工作，她喜歡獨挑大梁；同事去聚會，她就以工作沒完成爲藉口推託……最後工作是完成了，而且超額完成了，老闆自然對她讚賞有加，但同事們就沒人給她好臉色看了，會議中一旦她有什麼不一致的提議，無論對錯與否，大家都會群起而攻之。她做什麼都沒人附和，想和同事拉近關係，同事們也愛理不理的。在這樣的環境中，菁菁感覺很壓抑，漸漸地也沒心情工作了，一連出了幾個大錯誤，受到了嚴厲的批評。

菁菁這種情況並不少見，許多人都是顧此失彼，只看到高高在上的老闆，忘了同等地位的同事。其實有時候，同事的地位更重要，得罪了他們就是給自己的鞋裡添沙子，看似毫無影響，實際上卻會因爲這小沙子走不完以後的路。

裝糊塗，「扮豬吃老虎」

僞裝是一種大智慧，有時裝傻是爲自己爭取有利的條件，減少一些不必要的麻煩；適當的時候裝糊塗，會減少乃至消除別人的不滿或妒忌。懂得讓處境不如自己的人心理平衡，對妳放鬆警惕，對於妳的交際和事業都是有好處的。

試想一下，如果有一位新同事跑過來對妳說：「不好意思，我對這個行業不太熟悉，希望您多多指教。」妳聽了這話是不是很高興，心裡也樂意幫助他？因爲「希望您指教」這類說法，不僅能滿足妳的虛榮心，「我對這個行業不太熟悉」之類的話，看似將弱點暴露給別人，但實際上卻能瞬間贏得人們的好感，把自身帶給他人的威脅感降低。這樣會裝糊塗的人，往往不會受到別人的排擠。妳不妨也做一個這樣的聰明人，取得一個在角落裡迅速成長的機會。

看看那些經驗老道的人，他們都有一個共同的特點，那就是「和光同塵」，毫無稜角。從表面上看，似乎都是庸才，又善於裝糊塗；可是實際上，他們個個都深藏不露。不是不夠聰明，恰恰相反，他們是聰明過頭。

那麼，職場女性該如何在工作中僞裝自己呢？又該如何讓自己看起來有那麼點「糊塗」呢？這就要從多個方面進行「僞裝」了。在和同事相處的時候，要學習「聽不懂」、「記不住」。有些時候，很多人可能出於自尊心，或者出於虛榮心，常常誇大自己，說一些本來不是事實的話。職場女性最忌諱的，就是將同事的話記得清清楚楚，當面戳穿他的錯處，或者在對方說漏時進行糾正。這樣做的結果只能讓對方陷入尷尬，讓自己陷於「刻薄」、「精明得可怕」的印象中。另外，在和上司打交道時，裝糊塗更是一門學問。對於上司說的一些敷衍下屬的話，即使妳心裡很清楚，也要裝著很相信、很感激，千萬不可擺出一副「你騙誰啊」、「以爲我聽不懂嗎」的姿態。果眞這樣做，妳的職業生涯就沒有出頭之日了。

另外，有些女人的確能夠把工作做得十分出色，有時甚至會超過頂頭上司。千萬不要以爲這是好事，會讓上司更加賞識妳。如果妳功高蓋主，很難保證不會讓上司有威脅感；至少，妳會給他被架空的感覺，讓他覺得自己形同虛設。因此，女人要適當裝傻，假裝總有一些地方想得不夠周全，給上司預留指導空間。

先裝糊塗，就是一種示弱，不給他人以威脅感，才能無障礙地發展。所以，裝糊塗才是一種大智慧，「扮豬吃老虎」不正是妳要的結果嗎？

不要認為妳身邊的同事都毫無建樹，即使他看似很平庸。其實，會裝糊塗的才是聰明人，想要少受傷害，就要掌握這種「扮豬吃老虎」的大智慧。只有這樣，妳在職場中才不會成為大家打擊的目標，更不會陷入人神共憤的境地。

第25忌
一味埋頭苦幹 不懂抓住晉升機會

為了躲避職場中的「刀光劍影」，我們往往喜歡讓自己看起來「傻」一些，因為精明的人容易遭到排擠。可是要注意喔！妳是在裝糊塗，可不是真糊塗。如果妳在職場中永遠奉行「難得糊塗」的箴言，妳就大錯特錯了。妳不犯人，人會犯妳，妳糊塗度日，兵來將擋、水來土掩，可一旦有一天妳家門口發「洪水」了，毫無準備的妳拿什麼來應對？總不是選擇黯然離開職場，另謀他路吧？所以，妳應對自己的職場生涯有個規劃，不要盲目的工作，也不要守著現狀過日子。機會可不是一輩子都有的，還是趁年輕的時候抓緊點為好。

妳是不是打算做一輩子職場「窮忙族」

有的女人每天都匆匆忙忙地去上班，看起來比誰都忙、比誰處理的事情都多，但最後卻拿不到多少薪水，甚至比別人還少，這就是職場「窮忙族」。有句話叫「穩中求勝」，用在職場上，穩中求「升」也是個很好的策略；可是就怕妳光顧「穩」了，來個求穩不求「升」，那可就沒有什麼意義了。妳還記得混跡職場的初衷是什麼嗎？妳必須知道現在手頭上做的工作有沒有意義。整天糊裡糊塗地過日子，連個整體規劃都沒有，對妳沒任何好處，只能讓妳荒廢青春，最後落得一事無成的下場。

不知什麼時候開始，「忙」成了人們的口頭禪，也成了大多數人工作的狀態：忙開會、忙應酬、忙業務、忙談判……總之是忙得不可開交，似乎總是有忙不完的事情。可是，我們真的有那麼忙嗎？不！其實，很多時候我們只是在糊裡糊塗地「瞎忙」。

忙沒有錯，但必須忙在對的點上。瞎忙、亂忙只會讓人忙暈了頭，甚至是忙錯了方向，還會導致忙中出錯。這樣的「忙」其實是「盲」，盲目的行動著，和許多機會擦肩而過。

李嬋是一家公司的助理祕書，幾年來，工作勤奮努力，卻發現自己總是被一些瑣事包圍著，忙不過來。她的性格比較優柔寡斷，一件事總是思來想去，想出很多種結果，生怕做不好，讓經理不滿意。而對於一些很重要、自己又不太懂的事情，她卻總是採取逃避的態度，拖到不能再拖時才開始處理，結果經常因爲時間倉促，最後只得草草了事。有一次，經理出差，臨走前要她寫一份報告。她想還有一週呢，時間很充裕。於是，她在之後的幾天只顧忙其他的事情：給合作公司寄幾封信，發幾份傳眞，打幾個無關緊要的電話，給經理的朋友買鮮花恭賀他開業大吉……如此忙碌了幾天。某天上班時，突然想起經理明天就要回來了，而那份報告一個字都沒寫呢！本來打算全力以赴完成那份報告，但是已經安排了一個預約客戶，一談就是半天。

到了下午，又要安排去機場接經理的事情，然後又被別的部門叫去安排明天的會議。等終於把這一切安排妥當，已經到了下班時間。她決定回家加班。吃了晚飯，發現電視上在播最喜歡的電視劇，終於忍不住看了起來，看完已經十二點多，只好連夜草草地把報告寫完。結果，本想一鳴驚人的報告變成毫無特色、草草了事的文件。

李嬋就是典型的窮忙一族，她的「窮忙」來自於對職業沒有規劃。另外還有一種窮忙，原因是過於追求高消費，超過了能力負荷之外。這種人雖然薪水並不少，但一個月到頭荷包空空如也，同樣是「窮忙」。

空姐是一個讓很多女性嚮往的職業。能做空姐的人，至少有靚麗的外表、較高的素質，當然還有不菲的收入。而實際上，人人豔羨的空姐眞的活得那麼「悠遊自在」嗎?

米娜是一名空姐，在姐妹們眼中她的工作十分令人羨慕，但是米娜卻說自己的生活並沒有別人看起來那麼風光。雖然空姐的收入可觀，但米娜卻也成了個「窮忙族」。由於職業需要，米娜每個月花在衣飾妝扮上的錢佔去了薪水的三分之一。再加上平日的開銷、交際需要、意外生病等，一個月來下，她的荷包總是從滿滿鼓鼓到空空如也，從來不「需要」存到銀行去。

米娜說：「我以前是不怎麼講究穿衣化妝的。但做了空姐後，發現同機艙的同事用的都是國際一線品牌，我自然也不能落後，更何況這可能直接影響我的工作。」那可不可以少買點？米娜搖了搖頭，「我現在已經習慣了，每個月都會關注這些品牌的最新消息。特別是看中的那些新品，如果看到別人在用，心裡會有種異樣的感覺。」因此，雖然薪水可觀，但做了三年空姐的米娜還是沒有任何積蓄。她總是笑稱，自己雖然生病了也捨不得請假，平時沒事還加個班，但從來沒有因爲忙碌、努力而讓存款變多。相反地，忙來忙去，多賺來的那些

錢也花掉了，簡直是典型的「窮忙族」和「月光族」。

看來，窮忙形成的原因是各式各樣的。但無論是哪種窮忙族，其下場都是尷尬的：忙來忙去，卻沒有多少收穫。因此，職場女性一定要擺脫窮忙的困擾，千方百計讓工作做得有意義、有「價值」。能夠得到相對的回報，這才是聰明女人的做法。

擺脫窮忙，首先要做的是將自己的工作節奏加快。工作的第一原則就是快節奏、高效率。忙來忙去也忙不到重點上，老闆有什麼理由為妳升職加薪呢？其次，不管妳賺多少錢，都要將消費限制在自己的承受能力內，做好收支計畫，讓自己每個月都有餘存。這樣，妳就不會再輕易走入窮忙一族了。

趕快摘掉「窮忙族」的大帽子吧！要不怎麼開始妳的事業？

職場如逆水行舟，不進則退

窮忙族給人的印象是：長年在一個不起眼的職位上忙碌，沒有提升意識，因此也沒有做高薪職業的機會。也許有些人喜歡安於現狀，認為只要守著飯碗過日子就OK了，何必去跟人爭、和人搶，踏踏實實的不是很好嗎？妳要是還抱著這種想法，妳就Out了。二十一世紀可是個超速時代，連物價都漲得飛快，妳還想亙古不變？妳的飯碗捧得夠牢嗎？妳能保證永遠衣食無憂嗎？

欣欣和蓉蓉是同班同學，畢業後進入同一家公司工作。欣欣生性活潑，頗有事業心；蓉蓉靦腆文靜，個性內向。十年過去了，欣欣一路扶搖直上，從一個普通職員升到管理層，成了事業有成的女強人。反觀蓉蓉，依舊是一個普通白領。

人到中年，家庭的壓力自然就大了起來，孩子昂貴的學費，父母開銷巨大的醫療費……壓得蓉蓉喘不過氣來，薪水也不夠用了。而同時起步的欣欣則依舊衣食無憂。蓉蓉非常後悔，現在的她自然不像年輕時那樣有資本了，她這才意識到，那些年不應該不求升遷只求保職，隨著周圍人地位的提高，自己已經被「貶值」了。

所以說，人的眼光要放長遠一些，不能安於現狀，還是趁著年輕去奮鬥吧！

要想擺脫窮忙族，就一定要有以下三個意識：

首先，做好職業規劃，忙得更有價值。有了明確的職業規劃及清晰的職業目標時，就會知道現在的工作是爲了累積經驗、提升技能，還是爲了從中得到歷練。對於一個希望職業有所發展的人來說，明確知道自己所要的，爲工作賦予意義，哪怕再忙、再累，也會覺得非常有價值。反之，則會覺得在瞎忙，甚至是在受罪。

其次，做好職業規劃，忙得更有效率。做好職業規劃後，定位就會清晰，目標也會更加明確。當前的任務就是如何有效地一步步靠近目標，直至實現。妳會努力尋找提高工作效率的方法，對於哪些是需要提升的、哪些是需要鍛鍊的、哪些是自己比較有競爭力的東西，都會一目了然。每天的

忙碌都是直奔目標主題，正確並高效的，減少了因盲目而多走的彎路。有目標的忙不是負擔，而是一種動力。

最後，做好職業規劃，忙得更有效益。因爲對工作和所從事職業的認同，所以，我們會更加投入的工作，工作主動性也會大大增強。在這個投入的過程中，我們的職業競爭力相對也得到提升，這時就會創造更多的價值及財富。而得到的回報也一定是豐厚的，包括名譽、物質以及精神各方面。

抓住機會，勇攀高峰

要想擺脫「窮忙族」的狀態，最好的方法就是晉升。混跡職場的姐妹們想要升職加薪，只靠高超的業務能力是不夠的，妳還要練就一雙火眼金睛，第一時間察覺職場上的風吹草動。該出手時就出手，不能守株待兔，不能心慈手軟，因爲機會是不會平白掉在妳面前的，唾手可得的不是餡餅而是陷阱。

若是在平時的工作中顯得平庸就算了，畢竟那樣可以讓自己避免成爲鬥爭的目標；可是也不要低到塵埃裡，讓老闆都不記得妳的存在了。妳要有該出手時就出手的魄力，當公司處於危難時，妳的第一反應不應該是跳槽，而是共患難，盡一切努力幫助公司挽回敗局。一旦妳成功了，就是大功臣。面對會議上的提案，不要因從眾心理就和大家保持一致，適當地做個另類的人更容易受老闆賞識。

趁著年輕、趁著還有時間，抓住機會吧！

機會是隨著時間匆匆而來、又隨著時間匆匆而去的，不讓妳喘息。要是妳依舊糊塗度日，就等於放機會一條生路，給自己的職場生涯一條死路。想要擺脫窮忙族的妳，一定要克服自己的弱點，抓住機會，早日脫離苦海。

第26忌 功勞自己享 黑鍋別人背

職場中不難見到一些「聰明過人」的女性，每次榮譽來臨時，她總在受獎之列；而每當工作出錯、追究責任時，又總是看不見她的人影。這種八面玲瓏的人，總給人一種十分「精明」的印象，並且似乎能力很強，永遠只享榮譽，不犯錯誤。

事實真的是這樣嗎？且不說是否榮譽都有她一份，只說一個人如果從來沒犯過錯誤，那恐怕是誰都無法相信的。這種人之所以能夠「只有喜沒有憂」，很可能是她有這樣一個做人原則：「功勞自己享，黑鍋別人背。」具體做法是，將有利的資源緊緊抓牢在自己的口袋中，一有機會就出手立功；而小心地避開容易出事故、擔責任的地方，出現問題就全算在別人頭上。

這種不道德的行為，在職場中並非罕見。這種行為的後果，也常常如人們所料，早晚會被發現。而一旦真相大白，則會「人人怒而誅之」。

功勞永遠是整個團隊的

在職場中，沒有什麼功勞只屬於一個人，即使妳在其中發揮了最重要的力量，也一定有別人的協助才能取得成功。有些職場女性在獲得榮譽時，被喜悅沖昏了頭，不知道將功勞分享出來，難免會樂極生悲、禍從中來，影響自己日後的發展。若想在職場中取得一席之地，單靠自己的力量是不夠的，妳需要一個強大的發展平臺，所以公司的發展就尤爲重要。而公司的發展，靠的是整個團隊的力量。將團隊的力量發揮到極致，才能在競爭中披荊斬棘，取得成功。

在平時，也要學會將自己融入團隊，千萬不要認爲自己能獨立做好一切事情。因爲妳不知道會在哪個環節需要別人的合作，與其到時爲難、尷尬，不如一開始就將自己擺在團隊一員的位置上，和大家共同做事。身處職場，就要學會如何與別人合作，共同發揮團隊作用。妳要學會寬容，因爲人人都會犯錯，特別是同處一個團隊時，不要因爲他人犯錯而不停地責備或不肯原諒。妳的寬容會讓同事反省錯誤，也會讓他好好總結，將功補過。一旦團隊裡有新的成員加入，妳就要表現出「前輩」的風範，不要只是指揮，而要親力親爲，教他們該如何工作。把良好的工作方式教給他們，讓他們清楚地知道妳的工作標準，這樣整個團隊的工作標準都會一致，更能發揮強大的團隊作用。

只有這樣彼此幫忙、合作，才能讓妳有一個更好的發展平臺。千萬不要淪爲「自私女」，那樣只會讓妳故步自封，無法進步。

很多職場女性在抱怨同事不給予支持時，不妨先反省一下自己，是否平時太過自我，如，利用了別人的幫助，取得成績時卻將對方忘到腦後。其實有時候，妳只需舉手之勞就可以贏得同事的支援。有句話說「送人玫瑰，手有餘香」，與人分享就是在助人助己；而不會分享，就永遠得不到進步。在工作中，分享不是吃虧，而是有助於事業成功的法寶。

當妳做出一番成績，不要對老闆說這是自己的功勞，試著把團隊合作推到首位吧！妳出了多少力，老闆還會不知道嗎？這樣做顯得謙虛又大方，既能得到老闆的欣賞，又會受到同事的感激，不是一舉兩得嗎？妳掌握了新技術或者客戶的新資料，也不要緊攬在手中不放，妳眼中的好東西人家未必喜歡，何必做出那副「護食」的樣子？

所以，對於那些該出賣的「祕密」不要吝嗇，對於那些到手的利益不要過於斤斤計較。「拋磚引玉」可是大智慧，小投資說不定會有大收益！

「獨食」好吃，但總有副作用

「吃獨食」原本指的是小孩子的毛病——佔據著好吃的東西不願與他人分享。可不要以爲成年人就沒有這種可笑的行爲了，相反地，還有可能比孩子的做法有過之而無不及。例如，在競爭激烈的職場上，「吃獨食」的就大有其人。那些愛吃獨食的人往往看起來很聰明、很能幹，似乎也比較慷慨，但實際上，他們心中打著如意小算盤，既讓自己佔了便宜，又不輕易被別人發現，最終目的都是爲了自身的利益。對於這種人，有了一個新名詞來形容——「獨食主義」。可想而知，這類人是不會受歡迎的。當身邊的同事投來鄙夷、不屑的眼光時，吃進去的「獨食」就開始發揮副作用了。

荃姐已經到了知天命的年齡，在技術部門做了幾十年，既沒升職也沒降職。整個部門就她一個人管事，上司一安排新人進來，想跟著她學習一下，就會被她找各種理由擠走。別人和她聊天，經常聽她嘮叨：「我這個技術不是一般人能學會的；我控制著公司的技術，我要走，資源都能帶走，公司馬上就不行；別看我不起眼，這地方可是一刻也離不開我……」言談和神態中充滿著驕傲和自信，自認爲是關鍵的核心人物。所以，荃姐在公司的人緣很差，大家對她都敬而遠之。後來有一天，技術部來了一個剛畢業的新人，荃姐剛開始以爲他是菜鳥一隻，也沒放心上，想著找個什麼理由把他也擠走。卻沒想到人家是個技術人才，所用的技術她聽都沒聽過，更不要說實踐了。荃姐有了危機感，意識到自己已經落伍，緊緊把持的技術也不再那麼有價值了。想到那些被她排擠走的同事，眞怕自己也步了他們的後塵。正在她苦惱之時，那個新人卻主動把技術教給了她，讓荃姐受寵若驚。她忍不住問：「你辛苦研究的技術，就這樣告訴我，不覺得心裡不舒坦嗎？這可是你的心血啊！」那個人回答：「要說不捨得是有的。但我既然進來公司，就要爲公司的發展負責，資源分享是應該的。只有大家的水準都提高了，公司的水準才能提高啊！」荃姐茅塞頓開，一改往日吝嗇技

術的做法，開始和大家一起學習、工作了。

荃姐還算是幸運的，如果她不轉變想法，那麼等待她的恐怕是被擠出職場的命運。試想一下，如果妳利用公司提供的舞臺，拿著公司發給的薪水，那麼妳所做的業績、拓展出來的市場資源，理所當然應歸公司所有。而如果妳「中飽私囊」，利用公司的一切條件爲自己累積資源，那麼妳就相當危險了。拿人酬勞就要替人辦事，如果像荃姐一樣過於貪婪，那麼最終的結果只能是「吃不了兜著走」。

「仗義」女，關鍵時刻有人幫

要想在職場中如魚得水，光會「分享」是遠遠不夠的。很多時候，還需要替同事、上司背一些黑鍋。有些事情，可能在他身上很嚴重，而換到妳身上則沒什麼。這時，一定要伸出援手。這種付出，往往能帶來十分可觀的回報。

某公司新進一批職員，老闆抽了時間與這些新員工見面。在點名做自我介紹時，老闆叫道：「李辛辛。」全場一片寂靜，沒有人應聲，於是老闆又叫了一遍。這時，一個女生站了起來，「我叫李莘莘。」人群中發出一陣低低的笑聲，還有竊竊私語聲，老闆的表情明顯不自然。看到老闆窘迫樣子的小純站了起來，「對不起，名單是我負責的，是我把字打錯了。」在場的人露出「恍然大悟」的樣子，老闆也只是揮揮手說，「太馬虎了，下次注意點。」月底，新的晉升通知下來了，不出意料，小純被老闆提升爲公關部經理。

現代職場，不只是勇於承擔自己責任的員工是可貴的，更可貴的是能夠在關鍵時刻對老闆、上司「仗義相助」、主動替他們排憂解難的員工。大多數老闆、上司都喜歡能夠爲自己「拾遺補闕」的下屬。妳在關鍵時刻爲他們填補一些工作上的「疏漏」，維護他們的面子，將會對妳的事業及前程有極大的好處。如果妳出現工作失誤，只要造成的損失不太大，他們會念在妳曾經「仗義」的情份上，爲妳開脫一下；假如恰巧有一個升職的機會，也會先考慮妳這個「有恩」於他的人。這對妳而言，不正是莫大的好處與便利嗎？

職場女性堅決不要成為「獨食主義者」、不懂同甘共苦的「自私者」。將自己的利益分給他人一點、為他人分擔一點困難，獲得相對的收穫，舉手之勞，何樂而不為？

第27忌 忽視職場風雲 對危機毫無準備

女人的天真、「笨」，常常讓女人看起來很可愛，但這僅限於在戀愛或生活之中。如果一個女人在職場中一問三不知、對什麼情況都不瞭解，那就不是可愛，而是無知了。在職場中，不少女人只會一心工作，當人事變動、裁員風波、公司兼併等突然來襲時，便開始坐立不安、魂不守舍，怕自己被調到不好的部門，怕換來的主管苛刻，怕自己被列入裁員名單等。其實，如果在平時注意觀察，一定可以提前知道這些消息，做好各種準備來應對突發狀況。所以，職場中的女人別只顧埋頭工作，還要眼觀六路、耳聽八方，注意職場的任何變動。

莫要兩耳不聞窗外事

拿人錢財、替人辦事，在職場中，努力做好自己的工作是應該的。但是，如果妳過於「努力」，將心思完全放在工作上，以致於兩耳不聞窗外事，對公司的大小事都不瞭解的話，妳的努力也會大打折扣。也許，妳是一個兢兢業業的女人，對於公司交給妳的任務，不管怎樣多或怎樣難，就算要超時加班，也一定會完成。這樣的妳對於公司來說是一位好員工，但對於妳自己來說卻有點不負責任。設想一下：如果有個菜農非常勤快，每天披星戴月地犁地種菜，但是，菜慢慢長起來時，他都沒有仔細觀察過，當菜上爬滿了害蟲時，他才開始懊悔。可是這時才懊悔有什麼用呢？再去殺蟲也無濟於事了。

職場也是一樣。在平時，我們不僅要努力工作，還要多注意一下公司的形勢，公司有什麼樣的變動。只有這樣，才能提前做好各種準備，以隨時應對各種可能發生的、影響到自身利益的突然事件，不至於被職場之海的風浪所淹沒。

曉月是個典型的乖乖女，進入職場工作後，每天都準時到公司，並且上班時間從來不做別的事情，十分專心地處理手頭工作。到了下班時間，她也總是最晚走，有時甚至主動加班。曉月的敬業讓同事十分佩服，當然也讓上司十分欣賞，沒多久就有了提拔曉月的想法。於是，上司開始有意無意地問曉月辦公室的情況，或者公司其他的事情，一些本不屬於曉月職責內的工作，也會叫曉月來參謀一下。但令上司失望的是，每當這時，曉月就表現得和平時的認眞截然不同，常常一問三不知，甚至和她同辦公室共事的人叫什麼名字、是哪裡人，都還沒有完全搞清楚。在問過幾次之後，上司發現曉月沒有絲毫「慧根」，只好放棄了。

在公司做事，千萬不能以做好份內事爲最高準則。如果妳期望在職場中有所發展，就一定要眼觀六路、耳聽八方。妳可以不聽那些無聊的八卦，但是關於公司的運行情況，上司、同事的基本性情，都要搞清楚。一些公司的日常事務，即使不在妳的工作範圍內，在有餘力的情況下也要幫忙做一點。這會體現出一個人在公司是否有主人翁意識。如果妳能讓老闆覺得妳在把公司當作一個家來對待，那麼妳就會引起他的注意和好感，這是兩耳不聞窗外事的女人無法達到的效果。

妳當具備間諜素質

除了要有主人翁意識之外，職場女性必須要掌握的還有職場的一些風吹草動，如重大人事變動、關鍵業務的發展等等。只有隨時關注公司的大方向，才能跟上公司的步伐，保證不被大隊伍丟下。比如，在公司發展某項新業務時，妳應當立即調整戰略，將有關事宜做爲重點任務來對待；在公司進行某項考察時，妳要加強在該方面的鍛鍊與修養，以免在考察中露怯。察言觀色並不是一件猥瑣的事，更不是沒有必要。沒有人生下來就瞭解職場，也沒有人剛進職場就能自如地應對其中的風雲變幻。適當地學會察言觀色，根據公司的形勢變化來不斷調整自己，是一個好員工應具備的基本素質，能夠讓自己在職場中保持不敗。

在生意場上，有這樣一句生意經：「做生意要有三隻眼，看天看地看久遠。」也就是說，生意場上的任何資訊、行情，都是在不斷變化的，而不是一成不變。因此，生意場上的人們應該經常關注資訊、行情的變化，根據具體情況做出正確的準備和打算。

職場和生意場一樣，猶如一片汪洋大海，隨時都可能發生各種海難，如「人事地震」、「購併及裁員颶風」以及「鬬門海嘯」等。要想在洶湧而來的海難來到時保全自身，只有先下手爲強——不妨做做收集情報的「女間諜」。那些似眞似假的諜戰大片，弄得我們如墜五里雲霧中。做爲觀眾的我們，不能僅限於去觀看，還應該用心思考，從中得出有利的東西。從最淺顯的來說，就要問自己：到底什麼才是間諜？人爲什麼要去當間諜？

間諜就是搜集情報、爲組織提供資訊的人。人之所以要去當間諜，是爲了獲取更有利的資訊，以使組織做出更好的決策。職場不也是一片諜海嗎？所以，爲了得到更好的發展，我們要化身爲「女間諜」，去收集更多的情報。做爲「女間諜」，不用像眞的間諜一樣去出入龍潭虎穴、刀山火海，只要多動動心思和眼睛，瞭解一下公司最近進展如何，有什麼風吹草動，如此而已。而要想成功獲得最有價值的情報，就需要有縝密的心思和銳利的眼睛，並透過多方面去探求，如多利用同事關係、多和主管溝通等。

職場再變都不怕

當職場發生變動時，有些女性往往會措手不及，不知該如何是好。爲了防止這種現象發生，除了要早早觀察職場事務、獲得情報外，還應該學學相關的應對策略，爲各種突然降臨的變動做好準備。

一、**應對「人事地震」**。首先，要清醒地知道自己的實力，這就需要瞭解公司的人力資源狀況、自己與職位是否匹配、自己在部門或團隊的位置等資訊。其次，瞭解新主管的「行動」，看看他在公司文化、價值觀及其對工作習慣的要求、對公司的管理模式等方面的改革，這樣便可以順應其「口味」了。

二、**應對「購併及裁員颶風」**。首先，要瞭解裁員的類型。一般來說，裁員的類型主要有三種：經濟性裁員、結構性裁員和優化性裁員。經濟性裁員即因公司經營不善或受到市場因素影響而出現虧損，使公司的盈利能力持續下降，公司只好降低營運成本，以裁員來緩解經濟虧損；結構性裁員即因公司的業務方向、提供的產品或服務發生了變化，而導致內部組織的重組、分離及撤銷而引起的裁員；優化性裁員即公司爲了保持人力資源的優質，根據績效考核的結果而辭退那些績效較差的、不能滿足公司發展的員工。

其次，瞭解公司裁員到底出於什麼原因、對自己有多大影響，然後對號入座，看看自己可能被裁的原因有哪些，最後根據具體的情況來應對。若是經濟性裁員，要看看現在的行業是否不景氣，如果是，便應入駐其他行業；若是結構性裁員，應仔細分析自己有哪些優勢、哪些劣勢，然後尋找到最適合自己的發展方向；若是優化性裁員，則應好好地做自我檢討：「爲什麼績效會這麼差？」找到了眞正的原因，便即時進行補救。

三、**應對「關門海嘯」**。應對「關門海嘯」最關鍵的，是要做好職業規劃，這樣，當因公司關門而丟失工作時，可以按照規劃再去其他公司找工作，重新開始。只要方向對，路就會對。

小資女職場小心眼

身在職場之海，必須隨時觀察「海面」的波浪，以防發生「海難」；當「海難」的訊息來臨時，則應通曉各種「急救」措施，以免成為無辜的「殉難者」。

第28忌 諂媚上級、欺壓下級 做不討好的兩面派

混跡職場，妳也許聽說過這樣一句話：「金字塔上是人尖兒，金字塔下埋白骨。」沒錯，身處職場的妳應該明白，職場就是一座不折不扣的「金字塔」，從職場的底端走向頂端，是每個職場人的目標。

處於最底端的人，稱之為「白骨」；同理，處於頂端的人，稱之為「白骨精」。當妳恰好居於兩者之間時，既要應對上面的「白骨精」，又要面對下面的「白骨」，該如何才能將二者的關係處理得恰到好處呢？也許答案再簡單不過了，把自己塑造成「雙面膠」，既黏著上面又黏著下面，圓融處事，妳的職場人際關係就會固若金湯。

妳是否站在「金字塔」的腰上

在企業的內部、在傳統的職場關係中，永遠會存在一個「金字塔」的結構關係。既然是個「金字塔」，就必然會有上下之分，也就必然會有不平等的現象存在。

在這樣的結構關係中，處於最頂端的人是核心人物，對待居於下方的人，最普遍的態度就是「俯視」；而處於最底端的人是基層員工，除了「仰視」站在頂端的人之外，還要努力地向頂端爬；居於他們中間的，則是既不夠格站在頂端，又比底端出色一些的人。這些人既要尊重上司，博取上司的賞識與信任；又要籠絡下屬，得到下屬的支持與擁護。稍有差池，就可能把自己推入「上不信、下不護」的絕境。如果妳恰好是這中間層中的一員，是否還在為自己既得不到上司的信任、又得不到下屬的支持而煩惱？是不是在對待上司與下屬的關係中，遇到了難以化解的難題呢？

上司既然能夠成為妳的上司，肯定在某方面有過人之處，居於下位的妳尊重他、聽從他的指示，是十分必要的。尊重上司並不是要妳獻殷勤、拍馬屁，那樣不但會讓同事們反感、對妳嗤之以鼻，還有可能拍到「馬蹄子」上，引起上司的厭惡。對待下屬，固然是要建立一定的威信，才能有助於管理，但並不是說採取「高壓」政策，一味地欺壓下屬，那樣會激起下屬的反叛情緒。自古以來，正因為「官逼」才會有「民反」，不是嗎？

上下都得罪當心背後黑手

做爲一個中級管理者，如果有了欺壓下屬的做法，那就準備到上司面前接受批評吧！古語說：「水能載舟，亦能覆舟。」下屬能夠擁護妳上臺，也能經由「暴亂」將妳趕下臺。一旦妳有了嚴重的「欺下」行爲，無論再怎樣想辦法彌補，也可能無濟於事了。再加上，男下屬對於女上司，或多或少地都會有一絲不服氣，總會質疑女上司的能力，並想要取而代之。如果下屬直接向妳下「挑戰書」，明刀明槍地「宣戰」，或許妳會很賞識他的勇氣與魄力，也很樂意接受他的挑戰；可是在很多時候，下屬採取的是暗地裡的動作，在不知不覺中拉妳「下馬」。

或許妳也遇到過這樣的情況：下屬總是在背後算計妳、暗地中傷妳，還越級打妳的小報告。妳好不容易在上司那裡建立的信任，也很有可能因此而「破產」。

阿玫去年榮升財務部主管。近來，她發現辦公室的氣氛怪怪的。她總感覺以前是平級、現在是下屬的同事們，看自己的眼光、對自己的態度都不如從前。難道眞的是因爲升職讓自己跟大家的關係變壞了嗎？有很多次，阿玫去茶水間時，都看到幾個同事在竊竊私語，見自己過來就裝作若無其事地散開。阿玫知道她們是在議論自己，當時她也不怎麼在意，一來自己沒聽到什麼具體內容，不好發作；二來不就是被人說幾句壞話嘛！也不會怎麼樣。於是，阿玫依然按照自己的原則，建立自己的威信，管理自己的工作。

然而，人的忍耐力都是有限度的。一次，阿玫又聽到了一些閒言閒語，她終於忍不住了，衝到辦公室大發雷霆，還揚言說要扣掉大家的年終獎金。大家嚇得面面相覷，都不敢說什麼。

事後，阿玫仔細想了一下，覺得自己的做法有失妥當，畢竟員工在背後議論上司是很常見的事，而且大家並沒有犯工作上的錯誤。於是，阿玫就藉著一個機會，委婉地向大家表示了歉意，並說年終獎金會照例發給大家。本來，阿玫以爲這件事就這樣過去了。可是沒過多久，阿玫被經理叫去談話。一個小時之後，儘管阿玫盡力掩飾，但還是能看得出她的情緒十分低落。她一個人上了公司的天臺，坐在空曠的角落，任風吹亂了自己的頭髮，經理剛剛的話又迴盪在耳邊：「阿玫啊，我知道妳急於建立自己的管理風格，可是也不能太不顧公司的整體模式了。近來我聽到一些人反應，說妳經常對下屬採取高壓政策，只向他們要業績，卻不顧他們自身的發展。妳這樣做很容易失去人心的。這樣吧！妳的職位變動，我再考慮考慮。」阿玫大概知道是哪幾個人在背後搞的鬼，也不想去追究。她只是不明白：自己已經道歉了，眞的用得著這樣嗎？

阿玫對下屬做出了太激烈的行爲，再想挽救時已經太晚了。本來阿玫的位置就遭到大家的質疑和嫉妒，她自己還授人以柄，給同事一個推翻自己的機會，即使道歉又有什麼用呢？

「中間人」的處世哲學

身在職場大環境中的妳，要想不被職場小人「陷害」，要建立和諧的人際關係，最明智的做法就是將自己塑造成「雙面膠」，既「黏」住能夠給妳賞識與信任的上司，又「黏」住能夠給妳擁護與支持的下屬。

要學會「黏」住上司，就要做到：盡可能多跟上司溝通，讓他知道妳平時都在做什麼，也讓他對妳的能力有基本的瞭解；盡可能把自己取得的成績和榮譽歸於上司，向他表示妳的忠誠，妳才有可能得到同樣的回報；關鍵時刻挺身而出，爲上司排憂解難，逐步建立妳不可取代的地位；當上司搞砸一件非關原則的事情時，盡可能替他承擔或推託責任，讓他看到妳的「仗義相助」，以便妳在關鍵時刻得到幫助。如此，妳才能眞正成爲上司的「心腹」。

要學會「黏」住下屬，就要做到：讓自己具有橫溢的才華、無人能取代的素質，從根本上得到下屬的信服；掌握跟下屬的溝通技巧，不能居高臨下，不能咄咄逼人，不能「高壓」強制；在日常工作中多「看得到」下屬，下屬的需求要盡力去幫他們實現。如此，妳才能跟下屬做到「親如一家」，也就不用擔心會有人不服妳，在妳的背後使小手段了。

職場人際關係本就是一門複雜的功課，需要多努力才能令上司及下屬都滿意。在這個本來就不公平的「金字塔」結構裡，居於中間位置的妳更要運用聰明的頭腦，去妥善處理與上司、下屬的關係，才能在職場上進退自如、輕鬆處事。

職場本就是一個「金字塔」，有上有下，沒有絕對的公平可言。在人人都力求爬向頂端的競爭中，職場女性必須要理智地處理與上司、下屬的關係。媚上欺下、兩面三刀最要不得，那樣既得不到上司的賞識，也得不到下屬的支持。

第29忌 總做「無用功」不懂展現自我

「老好人」通常比較受歡迎，他們逢人就幫，每個人都覺得他好。在職場中也有這樣的人，總是不求回報地幫助別人，或者默默無聞地做事。妳是職場老好人嗎？也許妳認為自己人緣不錯，同事對自己都和和氣氣的，可是妳要知道同事為什麼對妳和氣很有可能是有求於妳。他第一次向妳求助時，妳想：只是小事情而已，就幫他做了吧！看到妳好說話後，其他同事也會找妳幫忙，妳一想：都幫別人了，就好人做到底吧……就這樣，妳日復一日地幫著別人做雜事，自己的本職工作卻被忽略了，無法得到更好的發展，這就是「龍套女」的悲哀啊！每個公司都有其核心力量，那才是公司不可或缺的部分。如果妳游離在這個圈子之外，只做一些邊緣雜事，那麼不但會給大家留下「跑龍套」的印象，還會在發生人事變動時，成為首批被裁員的目標。

不要總幫別人做雜事

有些公司有不成文的規定，新來的員工要腿勤腳快，給老員工做些雜事。這種風氣先暫且拋到一邊不做評論，然而，有很多女孩子已經工作了很長時間，依然是別人呼來喚去的「小角色」，每天爲別人跑腿，甚至幫別人做事已成了自己的任務。這樣的女孩子就太沒有主見與自我了。有沒有看過偶像劇《命中註定我愛妳》？其中陳喬恩扮演的那個「便利貼女孩」是不是給妳留下很深刻的印象？「職場便利貼」，指的就是那些隨時可能被別人需要、發揮一點不甚重要的作用，然後就被隨手扔掉的角色。他們常常被指派做很繁雜的小事，甚至會犧牲個人時間來成全同事的「事業」，最後卻讓自己走入職場的死胡同。

小美進了一家新公司，由於初來乍到，她做事很小心，對於別人提出的要求總是有求必應。比如，誰想下班早走時，叫小美來替自己加班，小美從來都不回絕，總是一口答應。就算別人沒有要求時，小美也是很早來到公司，打掃、收拾。當同事們陸續走進辦公室，只要誰說一句「沒吃早飯」，小美總會殷勤地說：「我去幫妳買。」久而久之，小美成了大家心目中的「小妹」，辦公室的雜事成了她的義務。剛開始，小美還很高興，認爲自己的人緣很不錯；但隨著工作的漸漸增多，她沒有多餘的時間再幫人跑腿了，這時，同事們反而覺得小美沒有完成工作，接二連三地抱怨起來，有些牙尖嘴利的同事甚至冷嘲熱諷：「擺什麼架子？又不是以前沒做過。現在翅膀硬了，就不肩做了？」礙於情面，她不得不做，可是這樣便嚴重耽誤自己手頭的工作，爲此她非常苦惱。

小美的心情讓人非常理解，年紀小、又初來乍到，本想以「腿勤腳快」來和同事搞好關係，誰知卻讓自己走進了一個死胡同。和同事搞好關係當然是必要的，但要分情況對待。假如說，好的人際來自於同事對妳的「方便指示」和「利用」，那就背離了正確方向。因此，職場女性，尤其是職場新人，千萬不可陷入這樣的迷失。

看看妳是不是一個超級便利貼吧？便利貼女孩有兩大特點：

一、**招之即來，揮之即去**。具有「便利貼」特質的女生，總是對別人的要求持順從態度，甘願將自己的時間奉獻出來，幫同事做一些沒有意義的瑣事。不管同事何時需要，她們都隨叫隨到，幫同事做完事後，又會乖乖地消失掉。

二、**安靜得如同不存在**。「便利貼」不僅好用，而且「不黏手」。在不需要的時候，她們總是在安靜的角落裡，乖乖做著自己的工作。而在別人需要時，也總是沒有半句抱怨，靜靜地將對方交待的事情做好，再靜靜地離開。

雖然「便利貼」女孩看似有很好的人際關係，但卻並不能眞正得到別人的尊重。相反地，那些平日對「便利貼」女孩笑臉相向的人，也許正是打從心底裡最瞧不起她們的人。從另一方面來說，「便利貼」女孩的發展前途也是岌岌可危的，只能被定位在碌碌無爲的小角色上。

所以，要想獲得晉升，必須先改變自己的角色定位。「便利貼」女孩們，趕快大喊：我要變身，我要做主角！

從「小妹」向「御姐」蛻變

姐妹們，趕快擺脫便利貼的噩夢吧！做霸道的「強力膠一族」，不是更好嗎？「強力膠」很難被忽略，他們精幹獨立、重視自己，不做別人的附屬品，是團隊中的出色分子。

在面對別人的無理要求時，一定要學會說「No」。很多時候，拒絕別人是比較困難的，遠不如答應來得愉快，這就是「便利貼」女孩形成的心理因素。對於習慣了說「是」、「可以」、「好」的「便利貼」女孩來說，最需要的就是學會拒絕。拒絕是一門人際交往的藝術，必須做得恰到好處。不懂拒絕的人，面對同事的請求時，不但會尷尬自己，還會讓同事感到不悅。

「便利貼」女孩一般都存在「職業盲從」的現象，這些女孩往往是對自己的職業沒有規劃，沒有一個前進的目標，才會跟著別人的腳步行事，處處聽從別人的指揮。有的女孩大學畢業後工作多年，依舊沒有一個長遠的打算，這就難以有進一步的發展。如果對自己身處瑣碎事中沒有警覺，久而久之，也就淪爲被使喚的命運。所以，職場女性一定要制訂一個相對完整的規劃，清楚知道自己的人生方向。只有如此，才能避免陷入盲從中。

如今的職場再也不是一個「好說話」的地方，更加沒有人情可講，「便利貼」女孩的忍讓、順從，在現代職場並不適用。要想在職場中有所發展，就要避免做過多的雜事，而要抓住有較大發展的機會。職場中的機會並不常有，如果想即時抓住，就要懂得展現自身價値，或參與到競爭中，讓自己得到提升，而不是做無意義的事。職場女性一定要記住，只有突出妳的個人價値，才能贏得上司的賞識和認可。正如微軟總裁鮑默爾（Steve Ballmer）在給新人演講時說過的：「不論你做了怎樣優秀的工作，不會表達、無法讓更多人去理解和分享，那就幾乎等於白做。」

所以說，任何一件事都需要策劃或經營。未雨綢繆、審時度勢，不要僅僅爲了謀生而工作，妳要爲自己取得生活的安排權。雖然不提倡妳成爲一個「權力狂」，但妳一定要大聲對自己說：我的職場我做主，我想當主角！

要努力工作，也要展現自我

很多女人說，多跑跑腿是自己工作努力的表現。這種想法從某種角度來說也沒什麼錯。但是，即使再努力，如果沒有用在正確的事情上，那麼到頭來也只能是白辛苦一場。比如，妳本來可以將精力放在攻克工作難題上，卻跑去幫別人印東西；本來應該多去市場考察，卻到商店去幫別人買點心……類似這樣的做法，不是展現努力，而是將自己不聰明的一面展現了出來。被老闆看見，恐怕對妳的第一印象是「沒主見」，甚至是「受氣包」，而絕對不會是「工作努力」、「能幹」等等。這樣一來，妳在老闆心中的位置只會降低，而不會升高。因爲妳現在做的事情，是無法讓老闆放心將重要的任務交給妳的。

因此，如果女人想要在工作，有所升遷，就一定不要再做那些無謂的、不必要做的小事，而要將眼光調轉一下，放在那些有意義的大事上。一旦妳的精力放對了地方，總有一天妳會發現，自己有了一個大的突破，再也不是從前的「小妹」了。

安妮是個活潑伶俐的女生，大學畢業後在一家公司擔任文案工作，負責公司一些活動的策劃。一進職場，安妮覺得很新奇，對同事也感覺很親切，彷彿大家都是多年未見的親人，所以，她表現得十分熱情。看見別人想去影印，就連忙說自己正好也要影印，就「順手」幫別人做了；看見別人拿起掃把，就趕緊說自己座位下的地面也髒了，順便一起掃掃。安妮想，自己這麼熱情，沒有功勞也有苦勞，別人總會喜歡自己的。但誰知，在安妮試用期結束後，老闆直接給了她一封辭退信。信中只有一句話：妳很努力，可惜將努力放錯了地方。安妮看著這句「殘忍」的話，想著自己兩個月來沒有長進的文案，似有所悟了。

安妮的案例充分說明了，員工努力的方向必須是自己的工作。只有工作做到位了，才能讓老闆

刮目相看。如果將精力放在一些雜事上，那麼老闆給妳的定位就只能是「做雜事的」、「擔當不了大事」。一旦有了這樣的定位，妳就很難「翻身」了。

小資女職場小心眼

早日擺脫「便利貼」的陰影，妳才能更好地工作和生活。馬上開始轉變吧！從那些瑣事中釋放自己，制訂一個長期的職業規劃，為自己而活！一旦擺正方向、轉變成功，妳會發現與做小事相比，做大事原來是那麼的有成就感。

第30忌
眼高手低，總認為自己能找到更好的工作

古語有言：「男怕入錯行，女怕嫁錯郎。」而在現代社會，不光是男人，女人也怕入錯行。很多女人總是認為自己的工作不理想，於是換了一個又一個，可是最終還是沒有找到最理想的工作。而等她們開始想要重新開始，認真做好某個工作時，公司卻以年齡太大為由而拒絕。其實，行行都可出狀元，為什麼總要執拗地以理想的工作為參照物呢？這不是既徒勞又傷身嗎？

理想很豐滿，現實很骨感

當學業接近尾聲時，妳是不是開始像憧憬白馬王子一樣，憧憬著美好的事業？可是一旦眞正進入職場，妳便會發現現實可能是這樣：工作和專業不相符、薪水太低、沒有發展前途、工作環境太差，每天都要重複類似的工作，枯燥而乏味，還得被呼來喚去，累得半死。

理想總是豐滿的，現實卻是那麼的骨感。難道理想和現實天生就喜歡唱反調嗎？可是爲什麼有些人能找到自己理想的工作呢？其實，理想和現實的背道而馳都是自己造成的。試想，如果妳一開始便知道眞正想要的工作是什麼，然後堅持這一理想，到現實中去實現，永不變心，那麼總有一天，妳會獲得實現理想的機會。

所以說，很多職場女性之所以感到現實很殘酷，總是認爲自己的工作不理想，就在於她們沒有堅持去實現自己的理想，而是礙於「吃飯」的現實問題，抱著「先賺錢再說，然後另謀出路」的心態，暫時工作著。由於總是抱著「暫時」的態度去工作，理想便會離現實越來越遠。

周舟的理想是在證券公司當理財規劃師。畢業兩年來，她連跳了八次槽。畢業之初，由於受金融危機的影響，周舟沒能進入她理想中的證券公司，而是去了一家會計公司。公司考慮到她剛畢業，而且還不是會計專業出身，便給她安排了櫃檯的工作。

周舟覺得很委屈，她一個優秀的金融專業畢業生，居然當櫃檯，說出去太丟臉了。可是考慮到

現狀，能找到工作就很不錯了，於是，她便委曲求全地當起了櫃檯。然而，三個月後，忍無可忍的周舟終於辭掉了櫃檯的工作，決定去證券公司碰碰運氣。

一天，兩天，三天……一個月後，周舟幸運地被一家證券公司聘用了，職位是客户經理，其實就是負責找客户到公司開户的「獵人」。但那時，股票盤跌不止，哪有人敢開户做股票？因爲拉不到客户，周舟便求一位好友到公司開了個空户，以免一個月績效爲零。因爲找不到有效客户，周舟只能拿到最低的薪水，根本養不活自己。

於是，幾個月後，她又選擇了離開。此後，周舟每找到一份工作，總是先湊合幾個月，然後再找。如今，她又一次進了

一家證券公司，當起了客戶經理，每天都出去尋找客戶。可是每個月下來，她的績效都是倒數。周舟總是在想：理想的工作什麼時候會出現呢？

當今社會，最不缺的就是人，甚至人才也比比皆是。很多人自視甚高，期望太大，在選擇工作時就顯得有些不切實際。尤其是剛畢業的新人，最應該做的就是在一家公司踏實地做下來，哪怕對那裡的環境、待遇多麼不滿意。

在工作中，可以學到很多學校裡學不到的東西，這才是最寶貴的。古語云：「十年磨一劍。」很多人連工作經驗、業務技能都還沒掌握好，就渴望高薪職業、良好的工作環境和福利，這就有點說不過去了。因此，職場女性要改掉愛「做夢」、愛幻想的特點，踏踏實實地先將自己的「劍」磨鋒利，才能在以後的路上有資格追逐夢想。

將不滿轉化為努力的動力

對自己的工作有不滿很正常，關鍵是如何面對不滿的情緒：是任情緒支配直至放棄現有的工作，還是學會將情緒轉變爲奮發的動力？答案當然是第二個。如果像上文的周舟那樣，再好的理想也會被現實淹沒。所以，女人應該堅守自己的理想，直到在現實中找到理想的工作。如果妳不想堅持，那麼就不要抱怨，也不要觀望，而是活在當下，認眞地把現有的工作做好。正如一位跨國集團的高階主管所說：「其實，理想中的工作是不存在的，就像理想中的情人不存在一樣，妳必須接受現實。在目前這種競爭激烈的環境中，能有一份工作就不錯了，所以要靜下心來，把最基本的事情做好。這個世界是公平的，同樣的環境，爲什麼別人可以成功？因爲他們有動腦子思考，他們不怨天尤人，否則就可能陷入困境，總也找不到自己理想的東西。目標越高，達不到目標時的失望就越大。所以快樂是現實和目標的差值。」

是啊，爲什麼要那麼死心眼呢？既然理想已經遙遙無期，爲什麼不能把心收回來，放在現有的工作上呢？既然別人可以在同樣的工作上獲得成功，妳爲什麼不能呢？俗話說：「行行出狀元。」只要妳努力了、用功了，只要妳善於運用聰明的大腦，並持之以恆，妳也能成爲這一行業的狀元，實現自己人生的華美蛻變。

蘇雪在大學主修的是美術，畢業後，她來到一家文史類圖書公司應徵美編。由於該公司暫時不需要美編，只需要文編，所以蘇雪在公司的建議下，先做了文編的工作。剛開始，蘇雪束手束腳，總覺得自己不是中文專業畢業的而不敢寫東西。後來，在主編的引導下，蘇雪很快進入了編輯的狀態。此後，蘇雪每天都嚴格要求自己，按質按量完成公司交給的任務。她發誓，就算做的不是和專業相關的工作，她也要盡最大的努力；她相信，就算自己不是中文專業出身，也能夠把編輯工作做好。懷著這樣的念頭，蘇雪做編輯越來越得心應手，不到兩年時間就達到了主編的水準。三年後，蘇雪已經成爲文史類圖書界非常知名的主編了。

與專業不符的工作本來是難以讓蘇雪滿意的，但是蘇雪的聰明之處在於，她沒有抱怨，而是將不如意轉化爲動力。即使在不擅長、不喜歡的工作職位上，也要努力做出一番成績。將來即使離開了，也應該是因爲自己想嘗試別的行業，而絕不是因爲做不好工作。當蘇雪坐在知名主編的位置上，回望走過的路時，她還會在意符不符合專業這件事嗎？還會想回去重新做美編嗎？答案恐怕是否定的。

小資女職場小心眼

俗話說：「沒有最好，只有更好。」一個人心懷理想沒有錯，但是，當理想被現實架空時，就不要再對它朝思暮想了。現實的工作才是妳最好的舞臺，只有努力工作、一心奮鬥，才能使妳的人生過得有意義。

第31忌 勢利眼 只和同級或上級交流

俗話說：「人往高處走，水往低處流。」每個人的生活目標都應該是積極向上的，這點毋庸置疑。但有些人將這句話誤解了，只和比自己有成就或者同級別的人交往，而不去和不如自己的人在一起。尤其在職場中，這點表現得極為明顯。職場確實是個利益交換的場所，所以，職場中很多人為了獲取更大的利益，都喜歡和職位高、權力大、和自己有直接工作關係、對自己有利用價值的人交往。至於那些職位平平、沒有權力、和自己工作沒有多大關聯、對自己沒有利用價值的人，則拒絕交往。殊不知，一些看起來沒有利用價值的人，在妳有難時，說不定關鍵的突破口就在他們那裡。而且，這類人很可能是潛力股，在未來一飛沖天，讓曾經冷落他、歧視他的人捶胸頓足，悔恨不已。

「小人物」也許蘊藏著「大智慧」

很多職場女性習慣「眼睛向上看」，覺得一些做基層工作的小職員不值得打交道。但是，往往就是那些不被人看好的小人物，有可能蘊藏著驚人的「大能量」。如果經常看周星馳主演的電影的人，不難發現他電影中一個重大的模式，那就是一些貌不驚人、行爲平常的小人物，往往才是眞正的高手，即「小人物做大事情」。在《功夫》一片中，「小人物做大事情」的模式可謂大放光彩。在故事之初，主角阿星本是個一心學壞、混跡街頭的混混，但後來卻轉身變成叱吒武林的武林高手，連天下第一高手都敗在他手下。

在職場中也有一些人，其貌不揚、表現平平，因此，他們總是被同事、上司忽視甚至歧視。但是，突然有一天，人們卻詫異地發現，不被人看好的痲雀居然扶搖直上，成了人人仰慕的鳳凰。這便就是古人所說的：「人不可貌相，海水不可斗量。」

李蘭和她的名字一樣平凡、普通。大學畢業後，憑著平平的面試成績來到了一家軟體發展公司，她的到來根本沒引起同事多大的注意。爲了給同事留一個好印象，李蘭主動和同事們打招呼、聊天，但同事們大多只是應付她，李蘭覺得非常失落。在李蘭來的第三天，又來了一位新同事——石楠。據說石楠很有來頭，是總經理的外甥女，而且畢業於頂尖國立大學。石楠一來，就受到同事們的熱烈歡迎，端茶倒水的、主動介紹的、噓寒問暖的……看見同事們和石楠有說有笑，李蘭的心裡難受極了：「我們同樣都是初來乍到，爲什麼她能受到如此禮遇，而我的主動和熱情卻被當成空氣？」後來，李蘭得知石楠有著強大「背景」，心裡便不計較了，因爲她知道，職場中人像某些昆蟲一樣，有「趨光心理」。李蘭在心裡暗暗爲自己打氣：「雖然我的能力一般，更沒有什麼背景，但我有很強的求知慾、上進心和吃苦耐勞的奮鬥精神，我在大學期間還有很多兼職經驗。所以，我一定要把最好的自己表現出來！加油！」

半年後，李蘭憑著自己的奮鬥，終於嶄露頭角；一年後，李蘭因研發的項目拿到國際技術一等獎而被老闆和同事刮目相看；一年半後，李蘭終於被提拔爲研發部的專案經理。「步步高升」的李蘭令她的同事刮目相看。而那位很有來頭的石楠，卻在工作一年後以不適應工作環境爲由離開了公司。

職場中的一些「小人物」，雖然沒有多高的職位，更沒有什麼權力，但他們身上或許藏著非同尋常的資本，如資歷高、經驗豐富等，只是還沒有顯露出來而已。所以，聰明女人永遠都不要小看「小人物」，否則，將來妳很可能要懊悔當年的眼光了。

善待「小人物」，妳會有大收穫

「小人物」隨處可見，但身居平凡職位的人並非就沒本事、沒優勢。職位沒有貴賤之分，再平凡的職位上，也有可能誕生不平凡的人物。我們可以看到，在一個公司、部門，無不存在著「小人物」，如櫃檯、接線員、後勤人員等。雖然這些「小人物」永遠都可能是「小人物」，但他們也有自己存在的意義，對一個公司、部門的運作，起著非常重要的作用。所以，他們和「大人物」一樣，都是一個公司、部門必不可少的組成部分。如果妳要選擇交朋友，而且妳也只是一個很普通的員工，妳應多和「小人物」相交，而少和「大人物」相交。

和「大人物」相交，雖然可以獲得不少好處，但妳要付出的往往很多。首先是心理壓力，「大人物」總是給人一種威嚴的、必須予以仰望的感覺；其次是時間，「大人物」總是很忙，而且活動的圈子特別大，對於一個普通的小員工，他們一般是懶得搭理的，所以要想和他們相交，妳就必須經常往他們那裡跑，直到他們接受妳爲止；再次是金錢，和「大人物」相交，一般都是要花不少錢的，如請他們吃飯、玩樂，送個小禮物什麼的。而和「大人物」相交是一種高風險的投資，「大人物」總是高高在上，妳的付出不見得就能有回報。除非妳是一個很有手腕的人，否則，別輕易和「大人物」相交。

相反地，和「小人物」相交就是另一回事了。他們不會給妳什麼壓力，也不用妳天天「死纏爛打」，更不需要妳使用「金錢策略」。妳只需在平時多和他們打打招呼、聊聊天，有空的時候一起出去玩玩，他有困難的時候妳幫一把，有好處時分一點給他們就可以了。和「小人物」相交是一種低風險、高回報的投資。當妳遇到困難時，當妳在棘手的問題中一籌莫展時，他們會挺身而出，爲妳解圍，替妳出謀劃策。

一隻獅子在外面閒逛時，無意中救了一隻落水的螞蟻。螞蟻對獅子感激極了，對獅子說，有朝一日一定會報答獅子的。獅子不信，但還是點了點頭。一天，獅子出去覓食，不小心掉進了獵人設好的圈套裡。那隻螞蟻碰巧路過，發現了被困的獅子，於是，螞蟻跑到捆綁獅子的套子上，一點一點地努力咬，半天時間後，套子被螞蟻咬出了個大洞，獅子奮力一蹬就出來了。

當妳相交的「小人物」在轉變成爲「大人物」時，他是不會忘記妳的好的，他會邀妳同享他的成功，並助妳一臂之力，讓妳少奮鬥幾年甚至幾十年。

阿楨大學畢業後在一家裝潢公司做業務，主要負責到各大公司走訪、考察、拉客户。這對於剛畢業、沒有銷售與推銷經驗的她來說是很難的。她每天穿梭在各大公司之間，閉門羹吃了不少，客户卻沒拉到一個。

然而，阿楨有種十分樂觀的精神，不管工作多麼不順利，她始終能保持高昂的情緒，路邊偶然有人需要幫助，她也會伸出援手。一天，阿楨聽說一家公司打算裝潢，便急忙趕了過去。她趕到時，發現已經有很多業務員在與那家公司談了。輪到她時，只說了幾句，負責人就推說有事，請祕書將她送了出來。「又失敗了。」阿楨嘆了口氣，慢慢走進了電梯。

電梯裡站著同樣遭遇失敗的幾家公司的業務員和一個清潔工。幾個業務員有意站在離清潔工較遠的地方，那清潔工卻像沒看見一般，主動和他們打起了招呼：「沒談成吧？」幾個業務員斜眼看了清潔工一眼，紛紛露出「你一個清潔工懂什麼」的表情，沒有答話。阿楨不忍讓清潔工尷尬，便說：「是啊，跟我們競爭的公司太強了，只好再等機會了，呵呵。」清潔工笑笑，沒有再說話。

電梯到了一樓，業務員們紛紛走了出去。清潔工偷偷將阿楨拉住，告訴她：「八樓一家剛開業的公司要裝潢，因爲經費吃緊，所以不求品質太好。妳們公司讓點利潤出來，應該沒問題。」阿楨又驚又喜，連忙謝了又謝，轉身又上了八樓。

一個小時後，阿楨滿面笑容地又進了電梯，這是她談成的第一個客户，不光有豐厚的抽成，還能在她的業績册上寫下輝煌的一筆。阿楨突然好奇起來，跑到樓下找到清潔工，道謝後問道：「您怎麼知道這麼詳細的情況呢？」清潔工嘿嘿一笑：「那是我兒子的公司，我在家閒來無事，就來這裡做清潔工，當作是鍛鍊身體了。」

不管怎麼說，我們平時應多和「小人物」相交，多個朋友多條路。如果臨時抱佛腳，有事才登三寶殿，那就已經晚了。

在職場中，聰明女人千萬不要歧視那些「小人物」。「小人物」雖「小」，但他們卻有獨特的價值，多和他們結交，妳會獲得意想不到的回報。若有一天，「小人物」升級為「大人物」，妳的回報則更大。

第32忌
異性過於相吸和男同事走得太近

俗話說「同性相斥、異性相吸」，這句話有很深刻的道理，不但在生活中如是，職場中也如此。在職場中，女人對女人或多或少都有些敵意，但男人對女人卻不一樣，他們總是以紳士的態度去對待女同事，不僅喜歡照應女同事，還對女同事有求必應。所以，職場中有很多女人都喜歡親近男同事，並只把男同事當成知己。但這些女人有時把握不了分寸，把知己的關係轉變為曖昧，讓別人誤認為自己是「狐狸精」。

只和男同事打得火熱，會讓妳成為異類

除了一些極特殊的行業之外，大部分職場中都是男女一起辦公。通常我們看到的情況是：在休息時間，不是男女成群結夥在一起聊天，就是男士和男士相伴、女士和女士湊在一起。如果在休息時間，女同事和男同事單獨相處，次數少的話沒人會說什麼，但如果整日在一起，那麼難免會讓人有所猜想。

如果哪個女人只和男同事待在一起，從來不參與女同胞的活動，那麼就更會引來女同事們異樣的眼光。從另一個角度來說，同性的人在一起的話題往往更多，而異性之間在一起，話題難免會涉及到男女之情。所以，職場女性如果不想給人留下不穩重的印象，就要盡量少結交男同事，多和女同事在一起。

另外，有些職場女性喜歡和男同事在一起工作，遇到要和同事討論的課題，就會先湊到男同事身邊。雖然說「男女搭配，工作不累」，但也要注意其影響力。過分頻繁地和男同事在一起，只會讓人感覺這個女人太「喜歡」男人。試問，有什麼事不能和女同事商討呢？動輒就湊到男同事身邊，到底是爲了交流問題，還是爲了找機會和異性待在一起而已？

還有一個問題不可忽視。女人的嫉妒心是最強的，雖然她們不會整日和男同事待在一起，但是看到妳那樣做，難免會產生嫉妒心理。畢竟，有男同事願意整日奉陪的女生，一定是有些魅力的。

如果常常顯示出這種優勢，那麼別的女同事肯定會「忌」上心頭。一旦成爲女同胞的「公敵」，那妳的日子就不好過了。

小嫻文靜可愛，還有優美動聽的嗓音。她剛進公司的那天，女同事們還以爲又多了一個姐妹，辦公室會更加熱鬧。但誰知進公司的第一頓午餐，小嫻就和男同事在一起吃飯了。其餘的休息時間，更是非男同事不聊。

對於辦公室的女同事，小嫻充其量只打個招呼，從來沒有多說過幾句話。遇到不懂的問題時，小嫻也總是撒著嬌去找男同事詢問。慢慢地，小嫻成了「男士」中的一員，而女同事們也都有默契地不再和小嫻多搭話。

轉眼春節到了，公司爲了活躍氣氛，辦了一次大型的員工活動。各部門都紛紛拿出自己拿手的節目。小嫻所在的部門人比較多，爲了讓大家都參與，部門經理就想出了一個小遊戲。這個遊戲需要分三個人一組，但必須要同性分在一起。經理說完規則後，平時經常在一起的人就開始自動地站到一起組隊。尷尬的是，這個部門剛好有十個女生，小嫻馬上就成爲剩下的那個了。看著另外三組抱成團的女生，小嫻感覺很孤立。

經理忙說：「規則其次，主要是開心，三個四個都無所謂。」這話說出口後，依然沒有哪組女生邀請小嫻加入。相反地，倒是有幾個人將目光投到了男生組……

小嫻的做法，無疑是自食惡果了。雖然和男同事在一起被照顧、被哄著的感覺比較好，但很多事情是異性朋友無法幫忙的，必須要有同性朋友的說明。否則到了關鍵時候，就只能尷尬出醜或者自己傷腦筋了。

永遠別和男同事玩曖昧

妳是不是遇到過這樣尷尬的場面：下班後，妳和一位很要好的男同事去餐館吃飯。面對面坐下後，正眉飛色舞地聊天，這時，服務員過來問：「請問，先生和太太需要點什麼？」

是啊，在現代人的眼裡，一對一起進出、舉止親密的男人和女人，似乎都是情侶或夫妻。在現實生活中，很多不是情侶或夫妻的男女，往往會被誤認爲是情侶或夫妻。

所以，爲了避免旁人的誤會，女人在和男同事相處時，應該保持一定的距離，把握好分寸，而不要大演「曖昧」戲碼。否則，妳很容易被旁人誤會。

更重要的是，如果妳和男同事曖昧，可能還被對方誤會，認爲妳對他有意思。如果和幾個男同事出現這種狀況則更糟糕，一方面，妳會被人認爲是水性楊花；另一方面，幾個男同事若在差不多的時間向妳表達愛意，那時候妳可就慘了。

可薇在服裝設計公司工作，她熱情大方、活躍奔放，很有男人緣。她也總是和男同事一起說笑、吃飯、外出遊玩、唱KTV等，時不時還摸摸男同事的頭髮、扯扯男同事的衣服，甚至還和男同事

勾肩搭背、稱兄道弟，有時還會對某男同事開玩笑地說：「是肌肉男嗎？什麼時候讓我來驗證一下啊？」男同事們也樂意和她交往，也會去摸摸她的頭髮，誇她的髮質好，有時甚至還會開玩笑地說她的胸如何如何。可薇眞的喜歡和他們在一起，保持著一種曖昧但又只是普通朋友的關係，因爲她覺得這樣可以獲得更多的關照和寵愛。但後來發生了一件事，讓她陷入了苦惱之中——

在情人節的前一天，可薇接到了七位男同事的曖昧簡訊，其中有五位說喜歡她很久了，希望她接受並共度情人節。可薇一下子傻住了：「他們是喝醉酒了？還是說好一起來戲弄我？」此後的幾天，那五位男同事經常發簡訊給她，問她考慮得怎麼樣了，還請她共進晚餐或是送她回去。可薇這才知道他們說的都是眞的。她還不想談感情，而且關鍵是她對他們都沒感覺，但又不能直接給予否

定答案，因爲不想傷害他們，所以，每次都含混以對。爲了避免男同事的「騷擾」，更爲了擺脫尷尬的處境，可薇以身體不適爲由請了一週的假。本想藉此機會清靜一下，順便找到合適的解決方法，可是沒想到，第二天中午，男同事們不約而同地來到她的住所，還帶著各種水果、零食、營養品等。可薇只好猛裝咳嗽，把男同事們心疼得——倒開水的倒開水，拍背的拍背，還有全然一副擔心表情、不知所措的。被男同事「關懷」了幾個小時，可薇被伺候得眞像病了似的。她知道逃避不是解決事情的辦法，反而會提升他們的關切度，但她眞的不知道以後該如何去面對那些男同事了……

可薇由於平時大演「曖昧戲碼」而讓男同事們動了眞情，最後陷入尷尬苦惱的境地。這是她自己釀成的苦酒。

女同事的威力不可小覷

在職場中，女人和女人之間常常互相比較、暗生妒意，所以，有些女人為了避免捲入無形的戰爭中，便只和男同事交往。男同事對女同事總是熱情大方，還懂得體貼、關照女同事。可是，也不可小覷女同事的威力，畢竟在這個世界上最瞭解女人的不是男人，而是女人。

當妳因來月事而痛苦時，妳不能跟男同事說，但可以和女同事說，可以問她們怎樣才能解決疼痛。當妳遇到情感方面的煩惱時，妳可能不大好意思向男同事取經，即使好意思問，妳的煩惱未必就能消除，畢竟男人總是站在男人的立場上想問題，他們不瞭解女人的心思；但如果妳問女同事，特別是已為人妻或已有男友的人，她們便會以過來人的身分幫妳分析問題，即使是沒有情感經驗的單身女人，也會站在女人的立場上細心地開導妳。當妳想大哭一場時，妳可能會不好意思對著男同事大哭，但在某些女同事面前，妳便可放心地哭，無需壓抑自己，因為女人都是非常脆弱而敏感的，她們能理解妳……

和男同事在一起，妳容易被他們感染得越來越像男人；而和女同事在一起，妳可以和她們一起探討如何化妝、到哪裡可以買到好看的衣服、哪道好吃的菜應該怎樣做等等，這樣妳會變得越來越有女人味。

和男同事在一起，妳容易走向兩種極端：一是妳可能會被很多男同事求愛，二是妳很難找到生命中的另一半，因爲男人會把妳看成是男人婆，是他們的兄弟。和女同事在一起，妳可以避免「臭男人」的死纏爛打，還可以在她們的幫助、指點下找到眞正屬於自己的另一半……

總之一句話，女人在職場，千萬不可小覷女同事的威力。女同事的力量看起來渺小，但發揮的作用往往是不可估量的。

小資女職場小心眼

和男同事相交，對於職場中的女性來說，固然好處多多，但也容易陷入尷尬、被動或痛苦的境地。而和女同事相交，雖然相互比較、妒忌不少，但是如果走進對方的心靈，妳獲得的好處將是很多的。

第33忌

急功近利 總想一口吃個胖子

妳聽過「職場豆芽菜」嗎？這是人們對職場中某一類人的稱呼。在一些發展快的新興行業，一部分新員工受重用快速升遷，然而其自身能力卻無法勝任新職位，人們把這部分人稱作「職場豆芽菜」。其實，不只是在新興行業，很多普通行業中，也有不少職場女性迫切地渴望成為「職場豆芽菜」。吸引她們的，大多是高薪、地位等因素，但她們卻沒有考慮到，如果經驗和能力還不足的話，這種不健康的職業道路會讓自己處於危險的境地。

急功近利，只能讓自己「畸形」發展

很多職場女性急於在工作中做出一番成績，總是工作還不久，就開始盼著升職、加薪。然而，在大多數傳統行業和職位中，看重的是行業資歷，另外還需要適當的機會。如果妳還沒有足夠的能力勝任這份工作，那麼，急速的提升只能讓自己的職業道路變得畸形和不穩定。

下面這個案例就是典型的「職場豆芽菜」的遭遇——

某公司要招聘行政部門主管，管理整個行政團隊，以及幫助完善該部門的管理手冊。爲了盡快找到人，他們開出了豐厚的待遇條件。招募啓事發出後，很快來了好幾個應徵者。經過層層篩選，最後選了一個在同行業做過行政主管、自稱很有該行業心得的女生。

但是實際做起來，公司卻發現這個人缺乏管理經驗，整理的意見不規範，做得雖然也算認眞，卻無法達到理想的效果。她所帶領的部門達不到公司要求的指標，人事主管只好第二週就給了她一封勸退函。

這位女生犯的錯誤就在於，她還沒有那麼多經驗，就對自己有「高要求」了。她謊稱能夠做好這份工作，但事實卻反映出她能力的欠缺，所以最後還是被辭退。

因此，建議那些剛剛步入職場的女生，不要因爲自己學歷高些或者能力強些，就急著讓職位和薪水也步步高升。職場裡最不缺的就是人才，妳只有韜光養晦，將自己歷練成少有的高級人才，才

能開口向公司提要求。也許到那時，妳根本不用開口，公司就已經發現妳的優勢了。在能力還沒有達到相對水準時，就要求升職、加薪是十分不妥當的，多半會引起老闆的不滿。即使公司需要留住妳，勉強為妳提升了，而妳卻無法將工作承擔起來，那麼結果只會更糟糕。

別急著高升，先認真做好工作

職場女性要有穩步發展的意識，剛走出校園、不懂職場的女生更要如此。不要操之過急，在職業生涯的前幾年，應該將學習、累積經驗放在首位，將發展與自我提升安排在五年後。

初入職場的女生，應該充分瞭解到自己的實際狀態，在有序的學習中求得穩健的發展。同時，注意不斷進行充電，讓自己時刻跟隨時代步伐，隨時迎接挑戰。職場女性不要急功近利，盲目追求職位的晉升，要記住，打好基礎才是關鍵，才能讓自己笑到最後。

不可否認，每個人都有成功的慾望，升職、加薪是每一個身處職場的人都期盼的。但是，成功絕不僅僅在於妳是否勇於追求，而是妳是否具備相對的專業知識與經驗，這就需要在不斷的努力中提高自身能力。只有能力無可取代，才能承受得起「高職位」的考驗。

一些女生剛進入職場，就抱著急功近利的錯誤想法，結果往往事與願違。因此，一定要保持理智，牢記以下幾個原則——

一、**別指望埋頭苦幹就能得到提升**。認眞做好工作是職場中人必須要做的，但如果只知埋頭苦幹，那最多只能做個合格的員工，對於提升是沒有幫助的。

比如，許多職場女性爲了留下好印象，常常義務加班。但這樣做的後果，往往是「吃力不討好」。正確的方法，是在兼顧工作效率的同時，讓老闆看到妳的努力。如果整天只顧忙忙碌碌，全然不顧是否有效率，那最後只能起到「事倍功半」的效果。

二、**並非只做好份內工作就行**。在很多職場女性的意識中，完成本職工作就是最大的敬業，對於同事的求助或公司其他的事完全不予理睬。這種人通常有一種妒忌和防範心理，不是一點都不肯多做，就是怕別人做好了把自己比下去。

實際上，對公司付出的多少絕不僅僅在於本職工作是否完成。如果希望得到老闆的賞識，就一定要把公司的事情當作自己的事情來做，唯有如此，才能讓老闆感覺到妳是眞的在爲公司盡力。

三、**並非拍好馬屁就行**。很多職場女性認爲不管工作做得再好，如果和上司的關係搞不好也是白費力氣。因此，她們非常致力於「討上司歡心」，沒事就往上司臉上貼金。

有的時候，這一招的確能哄得上司十分高興，但這只是一時的歡愉而已，很少有上司眞的爲了那點「追捧」而隨便提拔一個人。如果眞想往高處走，唯有實力才是王道。其他的事情當然也要做好，但都要建立在基礎工作做好的前提之上。

珍妮是個嘴很甜的女孩，在家裡和學校時，經常靠自己的小「蜜嘴」將家人、老師和同學哄得開心不已。到了職場之後，珍妮更是充分發揮了這一特點，不但在上司面前大拍馬屁，而且無論看見哪個同事都要讚美一番。珍妮想，這麼做總沒有壞處，把大家都哄開心了，自己的好日子也就不遠了。

然而，珍妮來公司已經兩年了，好幾個比她來得晚的員工都升職了，她還在老位置上待著。珍妮有些不理解，便偷偷向一個老員工請教：爲什麼看起來大家都很喜歡她，但升職的時候總是沒有她？老員工於心不忍，對她說了實話。

原來，就是因爲她太會「甜言蜜語」，讓人覺得她只會耍花招，而沒有將心思放在工作上。珍妮聽了，不禁後悔至極。

由此看來，基礎的工作要做，表面工夫也不能少，這樣才能保證職場之路暢通無阻。如果單做基礎工作或者只注重其他方面的努力，那麼最後的結果只能是失望。

每個人都希望在職場中取得長足的發展，但是要牢記那句話：「欲速則不達。」世間大凡成功的事情，都是經歷了一番曲折的。如果基礎還沒有打好，就一味爭取上進，那麼，最終的結果只能是搞砸。

第34忌
要錢不要命女版「拼命三郎」

「拼命三郎」這個詞總讓人產生一種十分忙碌、緊張且壓抑的感覺。在如今職場中，隨著女人擔任的責任越來越重大，很多女版「拼命三郎」冒了出來。她們有些是出於生計所迫，有些卻是因為天生逞強，一定要在工作上將自己弄得疲憊不堪方可。殊不知，身體是本錢，一個人可以什麼都沒有，但絕不可以沒有健康。可是很多女人卻沒有意識到這一點，她們只知道拼命工作，恨不得把一天當成兩天用。當她們因過度透支而導致身體有恙時，才會知道健康的重要性，可是，往往到那時為時已晚。所以，女人在工作之初就應該重視自己的健康。

贏了錢輸了命，聰明人別做糊塗帳

「健康是財富，錢買不到健康。」這話每個人都知道，但卻有很多人不放在心上，一面對工作時，就把這句話拋到了腦後。甚至體力天生不如男人的女性，很多也加入到了「拼命三郎」的行列，不惜以犧牲健康爲代價，換取職業上的成就。女性朋友要明白：錢是賺不完的，一生的健康才是最難得的。

金錢是隨著人類社會發展而產生的東西，它原本不屬於這個世界；生命是自然宇宙的奇蹟，是不可替代的存在，它凌駕於一切之上。金錢是有價值的，可以計量；生命是無價的，無法衡量。金錢生不帶來，死不帶去，只給人瞬間的滿足；而生命之於人是永恆的財富。

智玲是個撰稿人。由於行業的特殊性，她感覺晚上工作比白天的效率要高得多。於是，她調整了自己的作息，每天通宵工作，到早上六、七點才去睡覺。往往只睡到中午，就又爬起來工作。期間除了吃飯和上廁所外，幾乎不離開電腦前。她的合作編輯一方面佩服她的精力，另一方面也爲她的健康擔憂，有時會好心地勸她調整作息，她卻從來都不放在心上，說晚上比較安靜、也比較有靈感。久而久之，智玲就形成了日夜顛倒的生理時鐘。白天的睡眠品質是無法和晚上相比的，幾年之後，年近三十的智玲總感覺疲倦，且睡覺也不能解乏。智玲後悔了，難道眞是因爲太拼命，把自己的健康毀掉了？

金錢是必要的，但比金錢更重要的是健康。女人這一生要經歷生孩子的大考驗，沒有好的身體，將會導致一輩子的「病災」。因此，該放鬆的時候，就不要沉浸在工作中捨不得離開。錢是怎麼也賺不完的，但身體健康卻是不可以失去的珍寶。

金錢可以豐富生命，但買不了生命。而生命是人一生的儲蓄，它可以用來賺取金錢。對於家徒四壁、沒錢看病的人來說，金錢或許是一切；對於家財萬貫的人來說，金錢如糞土。可是生命呢？沒有了生命，我們什麼也不是。

總之一句話，金錢輕，生命重。

別讓亞健康和「猝勞死」盯上妳

「一個人什麼都可以沒有，但就是不能沒有錢；一個人可以什麼都有，但就是不能有病。」這幾句話告訴我們，金錢是人們一生孜孜以求的，而健康也是必不可少的。有了金錢和健康，我們才能活得更好。可是現實往往不那麼美好，有的人雖然擁有金錢，卻被疾病折磨得死去活來；有的人雖然很健康，卻窮得三餐不濟。

如果要在金錢和健康中做出選擇，寧願要健康而不要金錢。可是，這樣一個正常人都能做出的選擇，一些職場女性卻似乎不會選擇。否則，就不會有那麼多「拼命女郎」，就不會有那麼多在事業高峰期卻撒手人寰的「薄命紅顏」。

不少職場女性爲賺更多的錢，不惜超時加班地工作；因爲想賺更多的錢，便同時找幾份工作。等她們拿著厚厚的鈔票欣喜時，病魔已經無情地把魔爪伸向了她們。

阮婕在一家電臺當主播，是個典型的「拼命女郎」。她一天要播三檔節目，還包攬文案、策劃等工作。白天，阮婕盡情揮灑自己的聲音；晚上，便挑燈工作，寫文案、忙企劃。剛開始時，阮婕覺得這樣忙碌挺好，既可以磨鍊自己，還可以拿到更多的薪水。可是後來，阮婕漸漸發現自己力不從心，一到白天就想睡覺，一點激情都沒有。更重要的是，她寫出的東西再也沒有以前的靈性了，聲音有時也顯得沙啞。阮婕只好放棄了文案、策劃等工作，一心當起了女主播。可是，卻又讓電臺爲她加了一檔晚上的節目。爲了使自己的聲音更具磁力、情感更到位，阮婕總在休息時一遍又一遍地練習。終於，她的努力沒有白費，她被評爲電臺最受聽眾喜愛的女主播，還有很多聽眾寫信、寄禮物給她等。然而，就在她沉浸在成功的喜悅中時，命運突然給了她致命的一擊——她的嗓子由於過度消耗而得了腫瘤。如果割除腫瘤，便意味著她從此和女主播的工作說「拜拜」了；可是，不割除腫瘤又會危害到生命，阮婕痛苦萬分……

有一個職場恐怖辭彙叫「過勞死」，指的是由於工作量過大而突然死亡的一種現象。據調查，在日本等國家都存在不同程度的過勞死現象，尤在大城市的大企業中較多，其中女性的比例要高於男性。很多女人覺得這種情況離自己比較遙遠，即使存在也不會發生到自己身上。但其實，如果妳過於放鬆自己的健康狀況，這種情況也許就有可能降臨在妳身上。那些遭遇不幸的人，其實都是因為防範心理太差，不相信這種事情會讓自己碰上。但最後真的倒在辦公桌前時，後悔也已經晚了。

「薪」女性要給自己做個健康計畫

女人拼命工作，大多是想賺更多的錢，讓自己生活得更好一些。但為了取得一個好的結果，並不等於要讓自己輸了健康。應該要為自己制訂一個健康計畫，在工作的同時兼顧健康，這樣的生活才能足夠好。女人在為「錢」程奔波勞累時，一定不要忘了停下來，經營一下自己的健康。

一、**睡個好覺**。睡眠對於女人的健康起著至關重要的作用，經常熬夜容易導致疲勞、記憶力下降、免疫力下調、皮膚粗糙、肥胖等，所以，女人必須要睡好覺。而合理、健康的睡眠時間，則為晚上十點至凌晨六點。在這八個小時之間，女人都應該保持「睡美人」的姿態。

二、**均衡飲食**。飲食對女人的健康也起著非常關鍵的作用。在每日三餐中，女人應該確保攝入三種營養物質：蛋白質，主要存在於雞蛋、豆製品以及各類海鮮中；脂肪酸，主要存在於堅果、大豆油、橄欖油中；碳水化合物，主要存在於穀物、水果、乳製品中。

在飲食方式方面，女人應該遵循少量多餐的原則，在三次正餐之間吃些水果、點心等，以使血糖保持平穩，也不至於饑餓。

至於三次正餐量的分配，則可因人而異，但一般爲：早餐佔整日的三十％，最好有牛奶、豆漿、蛋等食品；午餐佔四十％，宜食用一些肉類；晚餐佔三十％，宜清淡。

三、**適度運動**。運動對於維護和修復一個人的健康起著重要的作用。女人最理想的運動方式是每週進行三至七次的健身運動，每次運動的時間以三十分鐘至四十五分鐘之間爲宜。每次健身時，應既做有氧運動又做無氧運動，而且交替進行。有氧運動主要包括散步、跑步、打球、游泳、騎自行車、跳舞、跳繩等，無氧運動主要包括仰臥起坐、伏地挺身、舉重、跳高、跳遠等。

四、補充營養素。如今環境污染日益加劇，曾經被奉爲健康寶典的蔬菜、水果已承受到嚴重的毒素侵蝕。所以，女人應注意額外補充營養素，如礦物質、脂肪酸、複合維生素等，爲自己的健康加分。

工作和金錢，只不過是女人生命中的一部分而已，唯有健康才是女人一生都應注重的。所以，美容覺、健康操、合理飲食，一個都不可以少。

第35忌 沉不住氣 拿跳槽當兒戲

一輩子只談一次戀愛很難得，但更難得的是一輩子在同一個公司裡工作。跳槽或許是覺得自己適合更高的職位，或許是覺得興趣不在此處，又或許只是沉醉於這種「跳來跳去」的遊戲。

當妳初入職場時，就應該先問問自己：這是我想要的嗎？我想要的究竟是什麼？初入職場，為自己制訂一份職業規劃很重要，有助於給自己一個更明確的定位。身處職場，妳要記得，妳永遠不能保證下一份工作會比現在更好。很有可能在一次跳出去之後，不是「跳上」而是「跳下」，到時妳後悔都來不及。所以，如果妳還在執著於玩「跳槽」遊戲，總有一天，妳有可能會在跳出去時「摔傷」自己。

好高騖遠是職場女性的通病

好高騖遠的心理其實存在於每個人身上，只是程度不同。很多職場女性心中都有一個更高的職業標準，覺得自己能做得更好，或者應該擁有更好的工作環境和待遇。這種期望並不是錯的，每個人都有變得更優秀、過得更好的慾望；也只有有所求，才能有所努力、有所得。但是，有時，一些女性太過於高估了自己的能力，或者太善變，總是剛到一個地方不久，就想換一個更好的地方，這樣的做法就不值得學習了。一定要給自己一個明確的定位，找準自己的位置。

瑞秋在招募會上很輕鬆地被一家公司錄取。第一天報到時，瑞秋就跟經理要求：所做的工作要符合自己所學的專業，不擅長的工作不做。看著眼前這個驕傲的小女生，經理沒說什麼，直接安排她到企劃部實習，以後再視具體情況調整。可是，不明白經理苦心的瑞秋認為，把自己安排到企劃部是漠視自己的才華，根本無法大展所長。於是，她便在企劃部混日子，不但不虛心向前輩學習，就連自己的本職工作都敷衍了事。終於，試用期結束的時候，瑞秋也被解雇了。

也許妳覺得在目前的職位上是大材小用，自己完全可以勝任更高職位的工作；也許妳覺得某項工作如果交給自己來做可以完成得更好；也許妳覺得現在的工作既不是興趣所在，薪資水準也達不到理想狀態，如果跳槽能夠更好的發展。這些想法不見得有錯，但是不要忘了，上司做的人事、工作安排，一定是經過了深思熟慮的。「一個蘿蔔一個坑」，既然讓妳做當前的工作，一定是認為妳適合。妳跳槽，找到更好更適合的工作，有這種可能；但也只是一種「可能」，並不是「一定」。假如妳跳槽之後，發現還不如妳辭掉的那份工作，好高騖遠成了「搬起石頭砸自己的腳」，妳該怎麼辦？後悔，有用嗎？回去，可能嗎？

所以，身處職場的妳，應該找到自己的「最佳位置」。這不一定是最高位置，但一定會是最適合妳的位置。如此，妳才能創造出自己的價值，把妳的才能充分展現在老闆面前，得到老闆的賞識與重用。

那山不一定比這山高

選擇是一件很重要的事情。很多時候，跳槽是爲了尋求一個更好的工作環境或者待遇。但實際上，看來很好的公司並不一定都適合自己。當妳眞正進入這個公司時，過了短暫的新鮮期，也會發現各式各樣的問題。比較一下，妳會發現這個公司並不一定比以前的公司好。如果妳的選擇出現了錯誤，所要付出的代價是青春歲月的荒廢，是能力的流失……由此，職業選擇以及職業規劃，不是人生當中某一時期的事情，而是一種長期的人生規劃，必須要愼重、再愼重。

男人選擇錯誤、事業失敗，可以有東山再起的機會，並且會以之前的失誤爲教訓，而變得更加成熟。但女人就不同了。女人的青春太過短暫，一旦錯過了就不會回來；而「過氣」的女人在找工作方面的壓力會更大。所以，女人更應該在初入職場時，就規劃好職業發展藍圖。

在制訂明確的職業規劃時，妳首先要瞭解自己的優缺點以及興趣傾向；然後是確定長期發展目標；之後是以確定的目標為方向，制訂發展路線圖，並在每個路線圖上，制訂一個短期發展目標；最後，就是要沿著制訂的路線圖堅定不移地走下去。

沒有幾個人在開始就能找到讓自己滿意的工作：既符合自己的所學，又是興趣所在，還是理想中的職位。這種各方面都契合自己的工作很難一蹴而就，大多數人都是在不斷的摸索中，逐漸趨近理想的工作的。

現代社會講究「先就業，後擇業」，就是說妳在找工作的過程中，首先要降低自己的要求，在職場站穩腳跟才是上上之策。即使目前的工作不是妳的興趣所在，也達不到妳理想的高度，沒關係，妳只要在工作過程中，好好地利用公司這個免費的培訓基地，極盡所能地學習更多的知識，充實自己，提升自己，就能累積雄厚的資本，為以後的擇業打下堅實的基礎。

就算「跳」，也要把握十足

跳槽不是兒戲，不能將其過於簡單化。最起碼，妳要對目標公司有一定程度的瞭解，並且將其與現在所在的公司進行比較，再和自身情況進行匹配。在一切都比較理想的情況下，才可以「棄舊

迎新」。切不可單以薪資待遇來衡量一個公司的好壞。不可否認，高薪是跳槽最大的誘惑，很多人盲目地追求高薪，而忘記了多進行一些思考——自己想要的究竟是什麼，應該怎樣去追求，應該怎麼跳才更合適……等等。

跳槽可謂是一場「陰謀政變」，在發動這場「政變」之前，妳難道不需要進行慎重而周全的思考嗎？要怎麼發動「政變」？假如「政變」失敗怎麼辦？妳有沒有爲自己留好退路？

于洋開始工作只有一年，但卻連跳了四次槽。第一個公司，于洋做的是銷售，每天主要的工作是接電話與客户洽談。做了沒多久，于洋就厭倦了，理由是很多來電話的顧客沒有素質，自己一個女孩子未免太受氣了。於是，于洋跳到一家家教公司做櫃檯。沒兩個月，于洋又辭職了。她覺得每天和孩子的家長打交道太痛苦，家長總是很挑剔，不管她怎樣做，都會有人挑毛病。第三家公司，于洋擔任客服人員。這份工作和第一個性質差不多，爲客户服務，難免要受很多不明不白的氣。于洋這才後悔，自己不該找和第一份類似的工作。目前，于洋在一家房地產公司做房屋租賃經紀人，可是她又嫌每天在外面跑太勞累，不適合女生做。就這樣，于洋像跳棋一樣跳來跳去，不但沒有找到合適的職業方向，還把自己的錢包也搭了進去——每個公司都沒有超過試用期就走了，收入一直很少。于洋苦悶了，爲什麼自己找不到好的工作呢？

妳爲什麼要跳槽？妳跳槽的目的是什麼？跳槽有必要嗎？妳憑什麼跳槽？什麼時候跳槽最合適？往哪裡跳最適合自己？採用什麼方法跳槽最簡便？妳在跳槽之前必須先弄清楚這些問題。如果妳無法回答，那只能說明妳的行動完全是衝動的、盲目的。這種盲目的行動，其結果是不可控制的，等於是把自己的前途完全交給了運氣。如果運氣好，就可能有意想不到的收穫；如果運氣不好，等待妳的就可能是連連厄運。

如果非跳不可，那就要爲跳槽做充足的準備：跳槽的理由，跳槽的時機，跳槽的目標。將所有問題都給出一個明確的答案，那麼，妳的計畫就不會停留在紙面上永遠得不到執行，妳也會爲自己爭來改變命運的機會。

工作講究踏踏實實。假如妳目前的工作不是妳的興趣所在，達不到妳理想的高度，妳完全可以將這段時間當作是學習、豐富的階段。如果跳槽十分必要，就應該在行動之前做足準備，才能一跳而準。

第36忌 總以前輩自居 不將新人放在眼裡

有句話叫做「多年媳婦熬成婆」，說的是女人在做媳婦時受婆婆「欺壓」、在家中苦熬多年後變成婆婆、可以開始「欺壓」新媳婦的現象。其實，這句話不只適用於婆媳關係，也可以用來形容職場。有些女人在職場奮鬥多年後，便開始飄飄然，以為取得了職場「真經」，對新人也十二分地瞧不起，覺得自己經驗豐富，他們無論如何超越不了自己。更有甚者，會對新人頤指氣使，毫不客氣。其實，學無止境，一個人不管工作了多少年，都應該保持不斷上進的心態，不斷為大腦注入新鮮的職場活水，只有這樣才能在職場立於不敗之地。否則，妳既容易被後人超過，也容易遭人暗算。

後浪推前浪，永遠不要小看新人

工作多年的妳，聽說某新來的「菜鳥」很有才能時，是不是會嗤之以鼻，打從心底輕視：「嘿嘿，能有多大能力？剛從學校出來就敢大放厥詞，眞是自不量力！」是啊，在職場前輩們的眼裡，「菜鳥」就是「菜鳥」，即使很有能力，也難以和他們多年的工作經驗相提並論。

而事實上，一些剛進入職場的人雖然一臉稚氣，其實卻可能身懷「絕技」，能力驚人。他們雖然沒有什麼工作經驗，但或許在學校時就已經開始接觸社會，並學到了很多；又或許，他們就是悟性高，學習能力強。總之，不管怎麼說，很多職場「菜鳥」都是潛在的職場高手，是職場「元老」們不可小覷的對手。

依晨工作近十年了，先後在三家圖書公司做過外文編輯，如今已是一家外文圖書公司的主編，是公司的台柱。主編一職是她多年來追求的夢想，如今夢想實現了，依晨的心便也寬了許多，從前早出晚歸的她現在變成晚出晚歸了。工作時，她似乎總是閒著，只知道把任務交給下屬，等著下屬把完成的任務交給她。如果收到的成果不令她滿意，她便會說：「眞不知道你是怎麼想的，怎麼會這麼笨呢？」她似乎忘了自己也是在慢慢摸索中成長起來的。

最近，依晨聽說公司來了一位天才，名叫嚴磊，在大學三年級時考上了託福，但因經濟條件而放棄了出國，而且還拿過英語專業演講比賽二等獎、口語翻譯總決賽第一名等獎項。依晨聽了沒當回事，心想：「說不定都是他自己吹噓的。」可是令依晨驚訝的是，嚴磊居然在一週內完成了其他員工一個月的翻譯任務，而且翻譯得特別到位，依晨以雞蛋裡挑骨頭的方式都沒能找出錯誤來。此後，嚴磊越來越得到大家的認可、公司的重用，而依晨的地位則在日益動搖……

依晨的老人姿態、領導架子，讓自己最後吃了虧。其實，案例中的依晨還是比較幸運的，因爲她碰到的「後來居上」者是一位男士。如果是一位小心眼的女生，那麼依晨的後果就可想而知了。

風水輪流轉，誰也不能保證明天

「十年河東、十年河西」，這句話簡單卻蘊含無限道理。要想永保「平安」，就要寬以待人。即使妳已經身居高位，也一定要對下屬或新人客氣、寬厚。否則，當妳有一天眞的被取代時，就只能叫苦不迭了。

女人一定要牢記，職場如戰場，到處都是暗箭，令人防不勝防。如果妳總以爲自己已經修練多年，不用再練兵，那麼就容易遭受他人的暗算。妳在明處，別人在暗處；妳高枕無憂地「睡大覺」，別人卻時刻保持高度的警惕；妳坐吃山空，別人卻在起早貪黑地「磨刀霍霍」。妳遇到這樣的對手，怎麼可能不輸得一敗塗地呢？

阿蓮在一家化妝品公司做了六年，已從當年的促銷員升爲部門經理了。阿蓮認爲，一個女人混到這個層級也該安心享受了，所以便不再努力工作，每天只知道替自己美容。可是，正當她享受幸福時，有人卻在背後給了她一刀。原來，她的一位下屬明明早就看不慣她，所以一直在努力提高自己的業務能力，暗暗和她較著勁。等明明覺得差不多可以打倒阿蓮時，便一封E-mail把阿蓮的種種表現彙報了上去。一個月後，阿蓮部門經理的職位就被明明給取代了。

明明雖然有些不厚道，但也反映了職場的殘酷：職場就是沒有硝煙的戰場，不是妳強，就是他狠，坐吃山空者終究會被別人取代；有些人還會在超越妳的時候，將妳踩在腳下，或者給妳一刀。因此，女性朋友一定要有自我保護的意識，千萬不要與人結仇，無論手中有什麼職權。

提升自己，防止坐吃山空

每一種產品都有屬於自己的position（定位），有屬於自己的消費市場和消費人群；一個產品能否成功被銷售，跟它的position設置得是否恰當大有關係。在職場中也一樣，有屬於自己的position，如果沒有找到準確的position，縱然成功了，也很可能會回到原點。

那麼，該如何找到準確的定位呢？這就需要先客觀地觀察自己、審視自己，然後把目光移向周遭的環境，範圍由小到大，逐步確定自己的位置。如果妳在公司真的是高人一等，那麼請把目光移向其他同類的公司；如果還有才能在妳之上的人，那麼請虛心學習；如果沒有發現對手，那麼就保持警惕。因爲危機隨時都可能到來，妳的地位隨時都可能被「人才地震」給震盪。

坐吃山空是可怕的，一旦覺得自己到達了一定的高度，開始放鬆警惕時，新來的員工隨時可能頂替妳的位置。不要覺得這是兒戲，也不要覺得這是個漫長的過程。對於一個公司來說，最需要的就是新鮮的血液，也就是創新和奮進的精神。當新人身上展現出不斷學習進取的優勢時，老員工的劣勢就會暴露出來。而這時，只要公司有好的機遇，新人又稍加累積經驗，很快就會後來者居上。

周睿今年三十三歲，在一家公司做人事主管。在三十一歲以前，周睿非常努力，個人能力在工作中不斷得到提升和顯現。因此，周睿得以一路晉升，從一個行政部的小職員晉升到人事部門的主管。一年前，周睿當了媽媽。休完產假之後的她明顯變了一個人，臉上洋溢著初爲人母的幸福，整個重心都放在孩子身上，工作遠不如以前努力了。

周睿的變化跟家庭成員的增加、個人心態的轉變不無關係，雖然可以理解，但老闆看在眼裡還是有些不滿。沒多久，一個剛大學畢業的新人進入了公司，被安排在了周睿手下。這個新人十分機靈、努力，工作很用心，只要遇到不明白的事情就追著周睿問，直到理解透澈爲止。面對新人的努力，周睿有過擔憂。但她轉念一想，自己在公司已經待了將近七年，難道還會被一個剛畢業的新人擠走嗎？於是，周睿依然「高枕無憂」，每日盼著下班回家帶孩子。就這樣平穩地過了一年半，突然有一天，周睿被一紙職位調動書調到了一個無關緊要的位置上，而那個曾經的新人坐上了人事主管的寶座。

在職場中縱橫多年的妳，一定要有一個準確的定位，以便更好地認識自己，進而把握自己。千萬不要以爲有豐富的經驗和高職位就達到了成功的頂峰，否則，水滿則溢，月盈則虧，妳會輸得很慘。

從妳踏入職場的那一刻起，便開始了一生的角逐。在職場中，要想立於不敗之地，妳就必須永遠向前，而不要以為自己已經做到最好。要知道世界上沒有最好，只有更好。

國家圖書館出版品預行編目資料

有心計不如懂「心忌」－ 女人職場36忌／廖唯真著.
－－第一版－－臺北市： 知青頻道出版；
紅螞蟻圖書發行， 2012.12
面 公分－－(Focus；13)
ISBN 978-986-6030-49-9（平裝）

1.職場成功法 2.職業婦女

494.35 101021994

Focus 13

有心計不如懂「心忌」—女人職場36忌

作　　者／廖唯真
美術構成／Chris’ office
校　　對／周英嬌、楊安妮、賴依蓮
發 行 人／賴秀珍
榮譽總監／張錦基
總 編 輯／何南輝
出　　版／知青頻道出版有限公司
發　　行／紅螞蟻圖書有限公司
地　　址／台北市內湖區舊宗路二段121巷28號4F
網　　站／www.e-redant.com
郵撥帳號／1604621-1 紅螞蟻圖書有限公司
電　　話／(02)2795-3656（代表號）
傳　　真／(02)2795-4100
登 記 證／局版北市業字第796號
法律顧問／許晏賓律師
印 刷 廠／卡樂彩色製版印刷有限公司
出版日期／2012年12 月 第一版第一刷

定價 260 元　港幣 87 元

敬請尊重智慧財產權，未經本社同意，請勿翻印，轉載或部分節錄。
如有破損或裝訂錯誤，請寄回本社更換。

ISBN 978-986-6030-49-9　　Printed in Taiwan